#WFH
也能發展國際職涯

遠距工作者的職場攻略

GO REMOTE!
CONNECT WITH
THE WORLD!

讀者太太
Mrs Reader 著

Thank you

獻給我的老公讀者先生 Mr Reader，以及小龍包與小龍女。沒有你們的支持，這個本書不可能在短短三個月內完成。

特別感謝 Alan McIvor、Christine Orchard、鱸魚大哥、則文和 Slasify 遠距管理團隊，你們的分享讓這本書更精彩。

#推薦序

前進國際職涯，成就更好的自己

何則文（文策智庫執行長）

與讀者太太因同是換日線專欄作家的身分認識，到今天已有好幾年了。這幾年從她的文字中帶我們遊歷了英國的許多故事，創作也像狂飆一樣，成為多產的暢銷作家。讀者太太從二〇〇八年的海外志工經歷，開啟了走向世界舞臺的契機。

不同於許多青年是因為嚮往海外生活而走闖國外，讀者太太是在生命中邂逅了讀者先生 Mr Reader，為愛走天涯，離開家人、朋友和擁有大好機會的公關行銷產業，成為英國的外籍配偶。人生一路以來都是工作主動找上門的讀者太太，擁有兩岸頂尖名校的高學歷，然而在踏上英國土地後，也被放了一個長假。

在英國土地上找了一整年，才找到適合的工作，沒有英國學歷、人生地不熟的她，住在英國中部的小鎮裡，生活周遭也沒有什麼華人，這樣的狀況讓她的海外人生起點有些辛苦。但她沒有因此氣餒而選擇成為一個家庭主婦，或者只是打打工。而是靜下來做了全面的市場調查，分析自己在英國的就業市場到底有怎樣的優勢，才能以一個外國人的身分站穩腳跟。

她先後做了不是自己本行的行政職，在學校中擔任國際專員，這樣走了兩年才終於回到原本的行銷公關產業，成為一家整合行銷公司的客戶經理。最後甚至憑藉著優異的表現，在英國打敗本地的求職者，獲得大型企業的青睞。

在英國十餘年的精華，讓讀者太太凝練出了一套獨家的國際職場心法，從怎樣寫好履歷、善用 LinkedIn 經營網路形象，到撰寫英文求職信的用字遣詞可以怎樣選擇。甚至如果在海外因為性別或種族而遭受到歧視的時候又可以怎樣應對。這本《#WFH 也能發展國際職涯：遠距工作者的職場攻略》可說是鉅細靡遺告訴了我們可以怎麼做。

然而走出海外第一步是找到機會，但真正進入職場才是挑戰。東西方的文化有別，從溝通方式到思考模式都有很大差異。這些眉眉角角都是我們需要特別注意和學習的，加上英國人溫婉含蓄的溝通方式，相較臺灣熟悉的大方美式風格又有很大的不同。讀者太太在這本書中為我們揭露的不只是怎樣走出燦爛國際職涯的可能，更是怎樣成就更好的自己。

隨著後疫情時代到來，遠端工作也成為趨勢。這代表了許多國際工作機會，你在臺灣就有可能可以爭取到。待在家裡生活，卻有國際的工作職位和薪水。讓你更能兼顧人生，更高效地掌握自己的生活。不過和同事或者主管分隔兩國或兩地，甚至有半天以上的時差，要怎樣發揮好的表現也值得我們學習。

這本書中，讀者太太舉了許多實際的案例，怎樣和不同文化的主管遠距離溝通，怎樣善用非同步工具達到高效協作。這本書真的是很棒的寶典。讓你的海外職涯和遠端工作一次滿足。相信每個人都可以在這本書中找到自己的無限可能。

#推薦序

走過，為他人豎立指引的路標

鱸魚（作家，矽谷工程師）

我獨自在猶他州的荒漠健行，路徑愈來愈模糊，最後竟完全消失不見。我迷路了。

爬上巨岩四處張望，我認真開始緊張起來。無論往哪個方向看景觀都一樣，我不知身在何處，前面沒有路徑、沒有地標。每一個方向、每一個景觀都一樣。

我們能夠到達目的地，靠的就是路；路，靠的就是路標。跟著路標走終究會到。一旦路徑消失才發現沒有路標的可怕。那種感覺就和剛到美國的時候一樣。寂寞、惶恐、後悔、想放棄。每一個初到他鄉異地求學、找工作的人，都歷經過這樣的感覺——在陌生的地方降落，只有你一個人，沒有路標，沒有目標，景觀都是陌生，也都是障礙，每一個下一步都可能是結束……而這一切都是學校沒教過，書上沒讀過，甚至沒人提過的。

我曾經多麼希望有人能夠指引我，告訴我前面有哪些路可走，下一步會碰到什麼，碰到了又要如何跨越。在沙漠裡迷路的我，又多麼希望有人告訴我，路到底在哪裡。為什麼那些走過的人都沒有留下記號？

這本書回答了上面那些「多麼希望」。

在朋友圈中常常是　人做我的筆記，可是這本書把我擊敗了……讀著讀著，我不知不覺開始做起筆記……三十年後，可用的職場生涯幾乎要用完的今天，對於如何在職場生存這件事，我竟然開始沾沾自喜做起筆記來。沒別的，書中提到我們在歐美職場上的生存技巧，每一樣都那麼中肯，也都是學校從來不教的：我們重技術不重思考，不懂讓別人記得我們，在乎ＩＱ不在乎ＥＱ，在乎學歷不在乎經歷，在乎能力不在乎能見度，在乎結果不在乎過程，重視硬實力不重視軟實力，只會讀書不會「讀人」，在乎內涵不在乎外表……讀到這裡我還很不放心地偷偷照鏡子，確信我沒有淪為那種不在乎「顏值」的人。

我們只教知識不教規劃，只求達成父母期望，自己卻沒有期望，我們 有做夢的勇氣，也一直踏不出第一步。這些點點滴滴加起來，都讓競爭力打折扣。然而忙著找工作、急著求生存的我們，不去觀察也不去想這些，就算想到了也不在乎。及格就好、活下去就行，成為我們的職場生存標準。

書中每一句犀利都正中我們的弱點，也害我一直辛苦地做筆記。這些弱點，是警惕，也是方向——只要列出來了，就叫做方向。

現在讀者太太，那個當初成功走過這條路的人，不但回頭把路標豎立起來，教你如何規劃，還教你如何面對正在發生的未來——面對那個全世界都將接受改寫歷史的新工作環境。讀過這麼多文章中，這本書是對遠端工作變化與個人該如何應對鋪陳得最詳細的。

記得那次迷路站在沙漠的大岩石上，突然看到遠方有一個小石堆，順著看下去又有一個，再下去又有一個，那……竟然都是路標。我感動得幾乎流淚——感動當初那個堆石頭的人。在最惶恐的時刻，這麼微弱的訊息就足以讓我鼓起勇氣繼續走下去，最後終於找到那個叫做「黑天使」的目的地。

職場上從及格到成功之間看似有一段很大的距離，但這本書在及格到成功的空隙間填入所有資訊，告訴你成功其實不遠，也不難。當然，在那完全沒有路徑的他鄉異地，它更會帶你走出一條路來。就像那年在沙漠裡看到的那堆小石頭一樣——很小，但鼓舞很大。

#推薦序

多方嘗試是前進遠距工作最好的態度

Alan McIvor（Professional Recruiter）

在跨文化環境中工作無疑是一個熱門的話題，現今的專業工作者似乎需要妥善掌握不同工作型態之間的細微差異才能取得成功，而許多人正積極尋求這類工作型態所需的相關資訊。讀者太太是跨文化職場領域的專家，我希望這本書能為所有尋求改善職業生涯的專業工作者提供一些可靠的建議。即使疫情席捲全球的時期，我們大多不必進到公司實體辦公室上班而採用遠距工作形式，然而一整天之中，我們仍花了大量時間和精力在「工作」上。成功攀登向上的職涯階梯不僅關乎實際的薪資收入，畢竟有能力支付帳單是過上好品質生活的必要部分，它同時是你的自我價值的無形體現。如果你能駕馭工作生活帶來的各種挑戰，它會是實現幸福和充實生活的關鍵之一。

我是住在臺灣的專業的人力招聘人員（獵頭顧問），雖然來自英國，但以亞洲為家。我本身對跨文化工作方面的教育很感興趣，而且發現學無止境。我周圍的同事大多與我有著不同的文化背景，能夠「融入」其中並被他們接受是我持續努力爭取的目標。過往時刻，我肯定曾犯過一些錯誤，有時也會感到被排斥，但如今我自認已從這些負面經歷中得到成長，並盡可能不重複犯下同樣的錯誤。我想真正被視為公司內部的一分子，並不想被當成一個「外國人」，想做到這一點需要持續不斷的努力與自省。

如果您是一位希望移居國外工作或希望遠距為外國公司工作的臺灣專業工作者，讀者太太對國際職場的跨文化領域有深入而細微的洞見，確實可以提供您必要的幫助。例如，本書中〈跨文化職場中不可不知的「政治正確」〉一文，讓您深入了解西方社會中有關多樣性和包容性的話題，並以實例加以闡述，而臺灣讀者可能對此類議題較為陌生。她也提到所謂公眾人物遭遇抵制的所謂「取消文化」，或許可以提供讀者一些反思的契機，以免不慎在外企辦公室或外國同事面前說出一些會讓你惹上很多麻煩的話語。有時候，我們往往在當下不理解自己犯了什麼錯誤或說錯什麼話，等到為時已晚才後悔莫及。

請記住，職涯發展不是一門科學，不同的方法適用於不同的人和不同的情況。請盡你最大的努力去了解自身真實的情況，並以一種不斷發展和靈活應變的方式套用於你的工作技能學習上，並設法避免僵化和固執。如果您想擁有成功的職業生涯及工作發展，將需要多次適應不同的公司文化和工作方式，甚至在同一家公司內也可能要多次進行調整。採取多方嘗試的態度可能是最好的前進方式，千萬不要害怕犯錯，同時也不要害怕在犯錯時加以修正。學著與同事和老闆進行更深入的對話，並學會對某種文化不敏感或根本無意識之下的無心之論造成他人的不快而誠摯道歉。

歸而言之，充滿好奇心並不斷自我學習的人將在生活和商業上獲得最大的成功。希望這本書和其中包含的建議可以幫助您！謝謝並真心祝福每一個人，祝您好運！

#推薦序

投身遠距工作，成為全球化人才

Christine Orchard（Head of Marketing of Arc.）

二〇一〇年剛到臺灣時，我還在協助遠在地球另一端的美國前老闆從事行銷工作；而十二年後，身為一個更專業的行銷人，我帶領一個成員分布在臺灣各地的遠端（遠距）工作部門，為在美國的客戶提供服務。兩者都是遠端工作，不同的是，十二年前朋友會問我「這樣怎麼可行？」、「溝通怎麼會有效率？」等問題；而現今在新冠疫情的加速催化下，許多公司被趕鴨子上架轉型成遠端為主——尤其是科技及專業知識含量大的公司。而在美國矽谷，許多巨型的科技公司，如**IBM**、**Meta**，發現讓員工可以遠端工作其實是個雙贏的局面後——一方面滿足員工要求，另一方面節省營運成本，也慢慢轉向「遠端優先（員工可自行選擇前去辦公室上班或是遠端工作）」。而臺灣呢？即使採用遠端工作公司的比例還是少數，但成長也是必然的趨勢。

我想類似讀者太太和我這樣的工作者，單靠一臺筆電和 Wifi 工作，沒有真正和同事面對面見過，僅有一同在線上工作的人數，一定日漸增加。意味著：這樣類型的工作機會也正在增長中。你不需要局限自己一定要在居住的城市中找工作，一樣可以有很好的職涯發展機會。這本書中，讀著太太根據她在英國豐富的生活及成功的工作經驗，針對遠端工作一事，分享個人獨到的見解。假如你現在也在尋求更有彈性、為未來鋪路的跨區、跨國工作，遠端工作可能就是你的機會！而閱讀這本書，將會讓你少走許多冤枉路。

不過千萬別誤會了，遠端工作不代表是輕鬆接個簡單的案子，或是邊工作邊在海邊享受一罐沁涼的啤酒那樣美好。**You still need to work hard, not hardly work.** 如同在任何領域成為佼佼者，如果你想在遠端工作的前提下成為全球化人才，還是得專注，付出時間和努力，完成工作上被交付的任務，拿出實績。

遠端工作是個讓你打造理想生活的良好途徑。可以問問自己：你是否願意走出傳統工作類型的舒適圈，挑戰這個新的生活型態，而獲取更多跨地區、跨國的職涯發展機會？若你的答案是「是」，並且對這樣的生活型態感到興奮不已，快翻開這本書讀讀吧！現在就透過這本書的觀點和解析，為你的未來鋪路，搭上這個全球化的熱潮。

前言

從英國職場趨勢看臺灣

二〇二一年我離開工作了近七年的前東家，跳槽到新公司，正式成為完全遠距工作者後，除了經歷許多和傳統上班模式完全不同的文化衝擊（culture shock，此指職場文化），更發現一個很有趣的現象與趨勢，就是**職場在地緣因素的去中心化**。許多原本住在倫敦的上班族，因疫情而形成的遠距工作（Remote Work）風潮，變成不需要進公司的居家工作者，這些人逐漸意識到既然在家工作，似乎沒有必要住在房價或租金高得驚人的倫敦市區，畢竟倫敦房價高居英國之冠，平均為其他區域的兩倍左右。於是原本在倫敦公司工作的上班族紛紛遷往市區以外的地方居住，搬進比以前環境更好、空間更寬敞的房子。他們領著都市水準的高薪，房租或房貸卻只有以前的一半或更少，這項改變或許還無法完全達到財富自由，但也朝著財富自由之路邁進了一大步。

從另一方面來說，原本不住在倫敦的人，同樣因為愈來愈多總部在倫敦的公司轉型成為遠距工作型態而受惠，他們不需要為了去公司上班而搬去倫敦定居，或是忍受長時間的通勤，只要有能力、有才華，他們一樣可以和住在倫敦的人一起競爭待遇及福利更好的工作機會，薪資至少成長五十%的幅度；如果進入薪資待遇更好的公司，收入直接翻倍也是屢見不鮮的事情。這些人維持住在倫敦以外地區的房價和生活方式，領的卻是倫敦水準的薪資，同樣離財富自由更近了一步。

再者，對雇主來說，遠距工作型態也是好處多多，這表示他們可以甄選來自全英國（甚至全世界）各地的優秀人才，而不必拘泥於員工是否就近住在倫敦。幾乎可以肯定地說，遠距工作在英國或其他各國應該都是利多於弊，是個非常受歡迎的職場新趨勢。

這樣的時空背景讓我萌生一個想法，既然百分之百的遠距工作模式將公司與家的距離變成零，意味著跨國公司招募人才時，只要遵循每個國家的稅務及勞資相關法規，就不必局限於雇用當地人或本國人，或是必須為在當地外國人申請工作簽證的框架，反而能更自由地在全世界的人力資源庫中找到最適合的人才。而對於員工來說，只要語言條件達到一定水準，加上能克服各國或地區時差的問題，也能和全世界的人才一起競爭位於任何地區或國外公司的職缺。

我從二〇一六年開始經營國際職涯專欄，至今已超過六年，也在倫敦和臺北辦過多場職涯講座，從和讀者與觀眾的互動中得知，臺灣有許多年輕人在求職時早已將眼光鎖定在國際舞臺，而他們的能力也的確是世界級水準，只是以往出國工作最大的障礙時常來自工作簽證的核發。遠距工作時代來臨，意味著取得工作簽證將不再是發展國際職涯的必要條件，今日世界的秀才即使不出門，不但能知天下事，還能受雇於全天下的公司，打造能和國際接軌的職業軌跡（career path）。

更進一步來看，有了跨國遠距工作的經驗，如果將來想要踏出臺灣，遠赴異國職場工作，被外國企業接受的機率也會大幅提升，畢竟對國外企業雇主或主管來說，這段工作資歷就是你在跨文化職場任職過、和來自不同文化的各國同事共事過的最佳證明，有了這份工作經驗的背書，他們幫你辦理工作簽證的意願會更高。換句話說，跨國遠距工作的經驗能提高你的國際職場競爭力，並提供求職時更多選擇的機會。

這本書的創作靈感於是應運而生，我希望透過自己的實地觀察與研究，以及和遠距工作專家們以及國際人才獵頭專家的訪談，為有心發展遠距工作及國際職涯的臺灣朋友們提供一些實務參考。

遠距工作時代來臨，雖然表示在家工作也能任職於國外企業的形式成為可能，但和來自不同文化背景的雇主與同事共事，還是有許多跨文化的眉角需要注意，畢竟對歐美公司來說，克服職場衝擊的能力是和專業能力一樣重要的軟實力。

這本書的主軸將圍繞於兩個環節：一是透過我自身的跨文化工作經驗，分析這類型工作的職場生存術，包括如何找工作、如何準備面試的技巧，並分享如何跨越文化衝擊的門檻，讓你能更輕鬆地融入國際職場；二是探討遠距工作的趨勢、利弊，以及需要做好哪些心理建設與準備工作。

遠距工作型態在許多國家已經實施超過兩年、有日漸普及趨勢的今天，在家就能與國際公司合作或許目前聽起來還是某些行業或特定職位的專利，但未來有極大可能成為一門顯學，如果您能洞燭機先，提前做準備，那麼「在家裡工作，領世界級薪水」將不再是一場遙不可及的夢。

【目錄】

Part 1

打造跨文化工作體質

第一章　我的英國職涯進化三部曲

#首部曲：二十八歲，Gap Year 讓我找到自己

移民英國至今已超過十一年，在電視節目上看到連恩・蓋勒格（Liam Gallagher，英國搖滾天團 Oasis 前主唱）受訪，還是有種既真實又虛幻的感覺，畢竟我的移民人生就是始於這個九〇年代紅遍全球、由 Gallagher 兄弟組成的英式搖滾樂團 Oasis。

十七歲那年，我雖然不確定自己會進哪一所大學、將來會從事什麼工作，卻因為超級喜歡 Oasis 樂團，而在心中立定「將來一定要去趟英國」的志向。沒想到十七歲時向宇宙下的訂單，真的在二十八歲兌現，而且我不但來到英國，更在這裡落地生根，有了自己的家庭和事業——這一切的起源都是來自對一個樂團的喜愛。

對，我跨越時區飛到英國的動機就是這麼簡單、這麼個人、這麼「無關宏旨」——只為了想親自到Oasis的誕生地，親眼看一場他們的現場演唱會。

啟發一個夢想的理由其實不需要多麼偉大，重點是有沒有執行夢想的勇氣與踏出第一步的決心。我的英國職涯首部曲想和大家分享如何用「最經濟實惠」的方式，將兒時夢想付諸實現。

一九八〇年，我出生在臺北市的一個小康家庭，父母都沒有留學的背景，也沒有把我送去歐美國家深造的打算。不過我大學畢業後，母親鼓勵我去上海讀研究所，攻讀復旦大學新聞學碩士學位——那年我二十二歲，人生第一次和所謂「國際化」這三個字沾上邊。

專業所學的是新聞傳播，研究所畢業後順理成章地進入平面媒體工作，一做就是五年，職涯在最順心如意的階段，卻出現了「青年危機」：對原本喜歡的媒體工作出現職業倦怠感，卻又對未來的人生規劃毫無頭緒，當時二十八歲的我，決定給自己一段空檔（gap year）。

當時（二〇〇八年）沒有所謂的打工度假簽證（Tier 5 Youth Mobility Scheme

Visa，簡稱 YMS 簽），去英國留學也不在我的人生計畫裡，而想在英國生活一年，並有工作經驗，最經濟、可以「說走就走」的方法，就是申請志工簽證（Volunteer Visa）。那一年九月，我拿著通過兩次面試才申請到的英國志工簽證，初次踏上英國的土地。

當飛機降落在倫敦希斯洛（Heathrow）機場時，我和很多初次到國外生活的臺灣人一樣，以為即將展開的是一場華麗的冒險，殊不知未來的人生竟然在這裡扎了根。

拿的是志工簽證，我的志工生涯和現在拿著打工度假簽證的「英打族」不太一樣，既然選擇做志工，目的就不會是賺錢，畢竟志工沒有薪水，只有慈善機構提供的住宿、旅遊津貼和每週七十多英鎊的「零用錢」。因此文化交換（cultural exchange）、學習語言或單純助人的性質，大過一切。

我被分配到位於英格蘭中部的知名大學工作，幫助有肢體障礙的英國大學生自理生活，譬如協助用餐、洗衣、購物等。我的「同事」大多是來自德國、想以「社會服務」代替服兵役的十八歲年輕男孩，也有來自美國或歐洲其他國家、想體驗英國文化的青少年——簡單來說，參加這個項目的大部分是還未出社會的青年學子，歐美人會鼓勵高中畢業的孩子用一年的空檔去探索世界，找到人生方向後，再決定繼續讀大學，還是直接進入職場。

只有我這個「異類」是已經取得碩士學位、在中國和臺灣有五年工作經驗的人，但可能是十八歲時沒有「take a gap year」的想法與機會，二十八歲時才會對人生及未來產生迷惘，需要利用這個機會來「找自己」。常聽到一種流行的說法是出國流浪可以找到自己，但以過來人的經驗，我不得不給這種浪漫的想法潑一盆冷水：如果你沒有利用在國外的時間積極地「找」，那個「自己」其實不會自動出現。並不是離開臺灣就會讓你自然而然地找到人生新方向，在臺灣遇到的問題也不會因為出國而自動解決。

在異國文化的刺激下，在人生地不熟的環境下，你必須一邊學習獨立，一邊調整自己的心態，理解西方社會和臺灣的不同之處，並學習優點、記取缺失。另一方面，也要開始重新檢視過去或許從來沒想過要質疑的臺灣主流價值。

對我來說，這個過程才是「找自己」：**透過對照與反思，找尋自己由衷認同的**

價值觀、找到真正喜歡的生活方式、找出全心嚮往的人生目標。而「找自己」的方法，我是把自己遠遠地推出舒適圈，暫時忘記我有碩士學歷、有五年媒體工作經驗、是企業公關積極打交道的雜誌編輯……把自己當成一張白紙，做以前不曾做過的事，在校園裡陪肢體障礙的大學生散步、吃飯、談心，幫他們洗衣服、穿鞋子、吹頭髮。

志工生涯中最幸運的一件事，應該是認識我的案主 Joe，他是罹患肌肉萎縮症的男大生，就讀工業設計系二年級，不但有一張俊俏的臉龐、聰明的腦袋、無限的創意和一顆善良的心，還有無與倫比的幽默感——如果不是得到遺傳性罕見疾病，他絕對是人人羨慕的「人生勝利組」。

因疾病的關係，Joe 比同年齡的孩子早熟很多。一個是十九歲的英國大學生，一個是二十八歲的臺灣志工，我們卻很快成為無話不談的好朋友——在校園裡彼此作伴，他向我展示英國文化、幫助我適應異國生活，我協助他打理日常瑣事、在他忙著趕作業時提醒要記得吃飯。

他是我認識第一位有肢體障礙的朋友，因為他，我第一次設身處地了解到身障人士的困境與心理壓力，以及他們最需要得到的幫助。更重要的是，他的樂觀讓我開了眼界，讓我從此看待事情的角度更正面，更珍惜擁有的一切。

Joe 原本是個活蹦亂跳的孩子，和所有英國小男孩一樣，最喜歡的運動是足球，但九歲時被醫生診斷出罹患肌肉萎縮症這種罕見的遺傳性疾病，雙腳將逐漸變得無法行走，往後的人生需要靠輪椅移動。我曾問他當時有沒有沮喪哭泣或自暴自棄，他說沒有，因為「哭或抱怨不能改變任何事」，他只是開始學著接受未來的生活和人生將會和之前大大不同。

Joe 的病情隨著年齡增長逐漸惡化，有愈來愈多肌肉會慢慢萎縮，最後將影響到心臟，通常肌肉萎縮症患者的壽命都不長，Joe 的母親每次想到這點就忍不住哭泣，但我從來沒看過 Joe 本人掉下一滴眼淚——提起自己的病情，他總是一副酷酷的樣子；甚至談起最近動的手術，也好像講的是別人的事。

由於他的態度實在太正面、講話又幽默，常常搞笑，我有時甚至會忘記他是必須靠電動輪椅行進的身障人士。而且奇妙的是，和他相處愈久，我的「人生包袱」也愈少，從他身上看到的是努力把比一般人更有限的人生活得加更精彩的典範。

相比之下，我能自由運用雙手雙腳，實在沒理由自我設限。在英國當志工那一年，只要有想做的事，就主動努力地爭取——除了得到在大學進修英文的機會，還跑遍歐洲各國自助旅行，認識來自世界各地的朋友。最重要的是，我終於一圓高中時代的夢想，在英國參加了一場 Oasis 的現場演唱會。

Joe 給我的啟發遠不只是這些。他改變了我對「願望」二字的期待：有次閒聊時，我問 Joe：如果讓他可以走路，不需要依賴電動輪椅，但只有二十四小時，他最想做的事是什麼？

他思考了一下告訴我，最想做的事情就是牽著女友的手走一條長長的街。他從來沒有機會從上往下俯視女友——總是坐在輪椅上抬頭看她，他想嘗試用不同的視角看世界。

這個對 Joe 來說不太可能實現的「願望」，對多數人來說卻是如此輕而易舉，於是我徹底明白一個知易行難的道理：與其羨慕任何人，不如珍惜自己擁有的一切，許多你認為理所當然的事物，也許是某人最想要、卻永遠得不到的東西。

這個道理看似簡單，卻成為幫助我度過許多難關的信念：從二〇〇八年在英國當志工，到現在定居英國邁入第十一年，遇到的不順遂從來沒有比別人少；只是不會讓自己一直聚焦在逆境裡，也不會羨慕別人的成功，而是在失意時看看擁有的一切，提醒自己只要健健康康地活著，就已經比很多人來得幸運了。

當志工的這一年，除了Joe給我的影響，身邊的英國朋友也帶給我很多反思的機會：我發現英國人通常很重視私人生活，不論工作多忙、職位多高，永遠把家庭擺在第一位，也懂得利用工作餘暇經營嗜好與興趣。大部分人都有至少一項和工作無關的第二專長──「work for live, not live for work」對他們來說不是口號，而是每天在實踐的中心德目。

不管來自士農工商哪種背景，大部分人都有獨立思考的能力，對新聞時事有一套自己的觀點，大多懂得尊重不同的聲音──至少在家人、朋友間，如果雙方持相反意見，英國人很少會因此反目或試圖改變對方的觀點，而是拿出思辨的精神和對方討論彼此的想法，若對方還是不認同，英國人會選擇尊重，充分顯示成熟的民主素養。

英國社會尊重個體間的差異性，較少出現集體輿論檢討某一族群的現象，你想做什麼工作、人生要怎麼規劃、結不結婚、生不生孩子、買不買房子……都不會有人干涉，社會也不會幫你貼標籤，你過得好就好，和你價值觀接近的人，自然會和你走到一塊，即使志不同、道不合，也不會有人勉強你改變。

更令我驚訝的是，平均所得比臺灣高的英國，人們追求名牌的欲望似乎沒有比較高，他們在購買名牌商品這方面比亞洲人保守，更傾向購買和自己收入匹配的品牌。英國人喜歡開玩笑說：「Burberry 雖然是英國品牌，但非英國人使用的比例較高。」

走進位於牛津附近的全歐洲最大名牌暢貨中心（outlet）——比斯特購物村（Bicester Village），幾乎清一色是亞洲觀光客，英國本地消費者非常少。主要原因除了和英國精品市場充滿了小眾、客製化、藝術性高的獨立品牌，消費者有很多選擇之外，英國人大多不認為需要藉由名牌來彰顯自己，也是一大主因。

兩性平等也是我在英國體認最深的事情之一。英國王室政治體制中有「公主」名銜，但整體來說，多數的英國女生沒有「公主病」這個現象——英國男生不會買帳，因此沒有養成公主病的環境，自然沒有發展的機會，而沒有了傲嬌的「公主」，自然不會有悲情的「工具人」。

這種強調男女地位平等的價值，讓女人在英國社會出頭的機會和男人一樣多，薪資待遇也沒有差別；回到家中，家事自然是兩性一起平均分擔，社會觀念相對不會用「女主內、男主外」來期待女性做大部分的家務，或是要求當個「小女人」般順從男性。

我的志工生涯從經歷文化衝擊，到學習接受、適應、融入英國社會。與其說是在過程中「找到自己」，不如說是找到了「追求夢想、敢於『不同』的勇氣」。啟發我、帶給我勇氣的，除了Joe，還有在英國認識的朋友們，他們向我展示原來生活不是只有在臺灣習以為常、卻感到困惑的那些形態，人生的追求可以有另一種排序。

志工計畫結束後，我帶著這股勇氣回到臺灣，二十九歲時大膽轉行進入行銷公關業，在新領域發掘自己的潛能、建立新專業，找到職涯的新方向；進而造就了我移居英國後，在競爭激烈的行銷業打敗其他英國籍求職者，成為一間歷史悠久的整合行銷公司裡唯一的華人客戶經理。

現在的我，定居英國已邁入第十一年，除了組成自己的小家庭，也有一份熱愛的事業，這個原本只打算短暫停留（short stay）一年的國家，後來卻成為人生落腳的目的地。

這一切起源於二〇〇八年決定走出臺灣到英國當志工的那一刻——這個決定不但讓我決心成就在海外工作發展的機會，還讓我找到了喜歡、適合自己的生活方式。

這篇文章放在本書最前面，就是希望藉由我的人生經驗帶給大家這種「敢於做夢的勇氣」，不管你現在幾歲、正經歷人生的哪個階段，如果你也有一個青少年時期的夢想，三不五時地在內心深處騷動，希望這個故事能帶給你真正踏出「追夢第一步」的勇氣。不論年齡、非關身分，當你開始付諸行動後，就會發現原來勇氣是愈用愈多的，它不但能帶領你完成夢想，更能讓你找到過去不曾發現的自己。

#二部曲：三十歲，我在英國放長假

大學時，曾看過一部由木村拓哉和山口智子主演的日劇《長假》，說的是一位過氣的平面模特兒，不但在三十歲出嫁當天，意外成為「被落跑新娘」，更被未婚夫騙光所有積蓄，因此不得不與未婚夫的原室友——一位同樣失意的年輕鋼琴家同住的故事。

兩個不得志的人生活在一起，與其鬱鬱寡歡地過日子，不如把這段時間當成「神賜予的長假」，樂觀地面對人生的逆境。他們兩人不但一起走過低潮，更成為彼此的伴侶——模特兒發掘了自己的第二專長，開始經營攝影事業；鋼琴家在鋼琴決賽中得到優勝，得到去國外工作的機會。這個勵志的故事一直是我很喜歡的日劇之一。

在臺灣和中國大陸有不錯的學歷，求職路上一向是「工作找我」，而不是「我找工作」，卻在移居英國的第一年就面臨類似《長假》的處境——那年我三十歲，在英格蘭中部，休人生中第一個「長假」……

近年來，「海外工作」成為臺灣年輕人之間的顯學，不論是以出國打工度假的方式，或是直接向海外企業投遞履歷求職等。除了歸功於網路資訊發達，讓年輕人有更多管道搜尋關於出國工作的途徑與方式，節節衰退的臺灣經濟環境似乎也「功不可沒」，然而想在海外工作是一回事，真的踏出實踐的第一步又是另一回事：「出走」除了需要符合一定的現實條件（譬如財力、簽證等），更重要的是「一鼓作氣」的勇氣。

從這個角度來看，我似乎挺幸運的，我的英國職涯路是和人生規劃綁在一起而「不得不」開始的，沒有太多猶豫和考慮的空間。我三十歲時嫁給英國籍「讀者先生（Mr Reader）」，離開愛我的父母和親戚朋友、在工作上支持我的長官與部屬，放下臺灣耕耘了一年半、正在起飛的精品公關事業，來到人生地不熟的英國，成為「外籍新娘」，人生從零開始。

那時不知道哪來的傻勁，一心認為自己雖然沒有英國的正式學歷，英國的工作經歷只有在大學當志工的一年，但憑著我在臺灣與中國工作六年的資歷，與在媒體公關界累積的人脈，以及曾帶領團隊拿下全公司業績冠軍的成績表現，在英國找一份「還可以」的差事，應該不會很困難。

但事實上完全不是這麼回事！我一路跌跌撞撞，花了將近一年時間，才找到符合期待的工作。對於我這個在臺灣和中國大陸找工作從來不曾超過一週、換工作幾乎是「無縫接軌」的職場常勝軍來說，人生中第一次在求職時遇到挫折。當然，我也不想嚇唬各位讀者，事後分析這樣的結果可能與以下幾點有關：

一、二〇二一年是英國經濟最不景氣的一年

我移居的那年是英國經濟景氣掉到谷底的二〇二一年，八．一%的失業率創下一九九〇年代以來的最高記錄，比新冠疫情爆發的二〇二〇年還高，不僅英國本地人求職時叫苦連天，對外國人來說，找工作的難度更是有史以來少見的慘況。

二、我求職的產業競爭十分激烈

在臺灣的最後一份工作是行銷公關業，移居英國後，求職時自然也鎖定相關產業，然而根據英媒《The Telegraph》在二〇一八年所做的一項調查顯示，英國就業市場中，行銷產業相關工作是熱門排行榜第一名，但和第二名金融業與第三名機械工程業相比，職缺數卻少了三到五成，僧多粥少的情況下，造成求職者眾多但錄取率相對偏低，競爭之激烈可見一斑。

三、我居住的地區是製造業重鎮，文創產業的工作機會較少

整體來說，在英國華人的工作機會大約有九成集中在倫敦這樣的國際大都會，而我居住的地方卻是英格蘭中部的一個小鎮（是鎮，連city都稱不上），居住地附近的工作機會除了比大城市少很多之外，職缺種類也偏向工業或製造業方面，譬如附近的兩個大城市德比（Derby）和考文垂（Coventry），一個是豐田（Toyota）和勞斯萊斯（Rolls Royce）的汽車工廠所在地，一個是捷豹（Jaguar）、荒原路華（Land Rover）的註冊公司所在地——這些大規模的跨國企業雖然創造了大量就業機會，卻很少職缺和我的專業領域相關。

無論如何，以上這些「天不時、地不利、人不合」的因素，導致我的英國求職之路大概比一般初次在英國找工作的人更加倍艱難——當時我每天瘋狂地尋找工作機會，平均一天花上十二個小時在電腦前投遞簡歷，如此持續了大約兩個月，求職履歷全都像石沉大海般毫無回應。對於此前的學業、職涯始終一帆風順、工作總是

一個接著一個的我來說，真是三十年人生中從未經歷過的挫折。

面對這個艱難的挑戰，一方面加強自我心理建設，不斷提醒自己不要被挫折擊垮；另一方面決定將找工作的範圍「縮小」：先從需要具備中、英雙語能力的工作找起，以提高成功率。

我針對英國華語勞動市場做了分析：發現住在英國的華人如果沒有金融業、科技業或學術界的背景，從事工作大多集中在中文銷售人員、中文客服人員，或在與華語地區有國際業務往來的公司擔任行政人員這三大類，符合我專長的行銷公關類職缺，非常罕見。

因此我調整了求職方向，開始申請非行銷類工作，並針對每個職缺撰寫不同訴求的求職信（cover letter），終於在定居英國三個月後得到第一個面試機會——英國Top 10名校華威大學（Warwick University）國際辦公室的面試。

第一次同時被四個英國人面試，我太緊張而沒有達到正常的表現水準，結果當然沒有被錄取。雖然自信心嚴重受挫，但還是秉持著臺灣人那股「愛拚才會贏」的精神繼續努力，並向華威大學面試官請教這次失敗的原因，再把結果記錄下來，當成未來面試的準備方向。接下來，我陸續參加了不少次面試，每一次失敗後，先虛心檢討為何無法成功的原因，進而修正回答面試官問題的方式與內容。

移居英國第六個月，我終於得到第一份正式工作的錄取通知（job offer），而且是離家近的正職工作，但是工作內容和我的志趣不相符，對我的職涯發揮不了任何加分作用，所以做了一個月之後，還是決定換到另一份短期約聘（fixed term contract）的行政工作——雖然我在臺灣時從來不曾考慮過行政職，也從未做過短期約聘的工作，但還是把這段工作經歷當成一個跳板：有了第一個英國雇主的背書，將來申請其他工作時應該會更容易一些。

六個月後工作合約期滿時，我總算在一所英國技職學院找到和行銷稍微有關聯的工作，成為協助所屬部門開發中國業務的「國際業務協調專員」（International Co-ordinator）。

學校隸屬於公部門，一般來說，員工福利比私人企業好一些，不過我始終沒有忘記自己的目標是從事需要發揮創意、能符合專長的行銷業，因此繼續留意各種行銷工作職缺，並按照先前準備及累積的求職方式不斷嘗試。兩年半後，終於如願以償地跳槽到一間歷史悠久的整合行銷公司，擔任組織裡唯一的華人客戶經理（account manager）一職。

能順利從教育界跳槽到行銷業，除了和不斷從先前失敗的求職經驗中調整申請工作的策略，並不斷精進我的求職面試技巧之外，更關鍵的是在臺灣兩年的行銷相關工作經驗，與在上海和臺北累積超過五年的媒體工作經驗，讓我磨練出優異的新聞稿撰寫能力。雇主錄取時特別透露，在眾多面試者中選擇我，正是因為我在術科筆試的新聞稿寫得比其他人好，即使我是所有面試者中，唯一一位沒有英國文憑的求職者。雇主這番話無疑幫我打了一劑強心針，經歷了一年的「長假」，與兩年半非行銷領域工作的過渡期，我終於得到英國雇主的肯定，重新回到行銷業的懷抱。這份工作一待就超過六年，直到二〇二一年被另一間更大的行銷公司高薪挖角，走向更高層次的職業生涯。

第一次在英國被挖角的我，終於享受到成功的甜美果實，除了薪資成長幅度高達四十％之外，這也是我第一次和英國本地求職者競爭，順利打敗他們而取得的勝利，因為這份工作對中文能力毫無要求，之前無論是協助學校開發中國業務的國際業務協調專員，或是行銷公司專門負責接洽中國業務的華人客戶經理，和我一起競爭該職缺的都是有華語背景的求職者。

當獵人頭顧問（headhunter，簡稱「獵頭」）興高采烈地向我宣布，雇主決定把 job offer 發給我，並接受我開出的薪資條件後，我內心真的激動不已，這代表經過多年的努力與磨練，即使還是沒有英國學歷，也說不出一口濃濃道地英國腔的英語，但我已經可以贏過一般英國求職者，爭取到許多人搶破頭想做的行銷工作。關於得到這份工作的過程，在下一篇文章中有更詳細的說明。

從二〇一一年移民英國，我花了四年時間，才回到行銷產業的懷抱，並把一度中斷的行銷公關業職涯從臺灣串連到英國。一路走來，其中的各種壓力與甘苦只有親身經歷才懂。走過這段「神賜予的長假」，我對於人生的低潮特別有感觸，更能體會謙卑與反省的重要。得志時仍不忘提醒自己常保一顆謙虛的心，有餘力時盡量幫助別人——這個理念成為我撰寫職場專欄的動機，以探討英國職場話題的方式，盡量給予有興趣到英國工作的人一些方向與建議，更在今年取得專業證照成為職涯教練，提供一對一的諮詢，幫助對職涯感到迷惘的人。

你也正在經歷人生計畫之外的「長假」嗎？希望這篇文章能帶給你一點鼓勵，除了用正面的眼光看待這段時間，也要相信這個處境不是永遠持續的狀態，只是個「稍微長了一點的假期」。

你可以用這段時間學習新知、嘗試不曾做過的事，甚至什麼也不做，就是單純地先沉澱一會兒。但千萬別忘了提醒自己要為「收假」做好準備——當你走過了人生的低谷，就會發現這個「長假」已把你淬煉為更勇敢、更強壯的人。

#三部曲：四十歲，展開遠距工作的斜槓人生

二〇二〇年聖誕節前夕，英國正經歷因新冠疫情導致的第三次全國性封城，意味著英國人不能和往年一樣，和親朋好友來個不醉不歸的聖誕派對。事實上，當時不但不能開趴，英國政府還規定聚會人數的上限是六人。這麼一個沒有節慶氣氛的聖誕節之前，我收到英國好友贈送、改變了職涯的一份聖誕禮物——朗達．拜恩

（Rhonda Byrne）撰寫的《祕密》（*The Secret*）。這本書的精髓在鼓勵讀者相信「心想事成」的力量，而之所以說它改變了我的職涯，正是因為它讓我心想事成，不但在英國第一次被高薪挖角，新職位還是夢寐以求 Work From Home（簡稱 WFH）的遠距工作模式。

當時我在前公司服務已超過六年，算是資深的老鳥，和同事相處很愉快，與好幾位同事甚至建立了革命情感，說彼此之間像一家人也不誇張；更難得的是，我很喜歡我的主要客戶，對在代理商工作的人來說，幾乎已是無可挑剔的天堂，所以我沒有迫切想換工作的理由或念頭，但一切看似平穩的背後，心裡卻有個聲音默默在呼喚，雖然它的分貝很低，但話語的分量卻很重，它告訴我在這個舒適圈裡待了太久，是時候該做出改變了。閱讀《祕密》之後，心底那個聲音終於找到了開關，它每天愈來愈大聲地告訴我：如果有想實現的夢想就大膽去追，只要相信自己，就可以做得到。

然而，改變的動力必須來自追求更好的工作條件，而對當時的我來說，更好的工作條件意味著更高的薪資待遇，以及更能配合生活型態的工作模式。女兒小龍女在二〇二〇年出生，我正式晉升成為二寶媽，如果繼續保持每個月出差飛到不同國家的工作型態，讓讀者先生偽單親地獨自照顧兩個孩子，對我們全家人的生活會造成不小的挑戰，一份能兼顧家庭與職業、薪水又更高的工作，絕對是我當時最希望能實現的理想。

這樣的想法一出現就在心裡萌了芽，加上《祕密》的影響，開始相信自己一定可以朝著希望的方向改變，邁向職涯的下一個里程碑。說也奇妙，或許是吸引力法則真的開始運作，從二〇二一年三月起，我開始經歷人生中最多獵頭主動聯繫的階段，有時一天之內甚至不只一間公司的獵頭打電話或寄 email 給我，那時我才了解行銷業經過一年多疫情以來的催化，整個產業出現爆炸性成長，愈來愈多企業意識到需要投資成本在行銷上，尤其數位行銷更是因疫情崛起的「宅經濟」中絕對不可少的行銷方式。

二〇二一年五月中，這些聯絡的獵頭之中，終於有一位提出的職缺引起了我的興趣，該職缺符合我對工作的要求，除了薪資更上一層樓之外，也能順應後疫情的職場趨勢，將上班模式改成完全遠距的工作型態。和獵頭初步討論後，同意他將我的簡歷寄給徵才的公司，六月時參加了兩輪面試，並在兩週後正式得到比我原服務單位規模大兩倍的這家行銷公司的錄取通知，整個轉職過程順利到像做夢般不真實，完全就是名副其實的美夢成真。

在異國第一次被獵頭成功（headhunted），代表我的專業能力受到業界肯定，才能被挖角到薪資及福利更好的大公司，更重要的是，這是我在英國從事的第一份和中文能力完全無關的工作，雇主選擇挖角我而非其他的英國母語人士，是因為我的專業能力優異，而不是因為我的雙語能力。能在競爭超級激烈的行銷業求職過程中打敗一般英國母語人士求職者，順利跳槽成功，象徵著我在英國職場耕耘十年終於有了成果。

然而離開工作了超過六年的公司、放棄熟悉的環境、離開像家人般的同事，投身到全新的職場，從頭再當一次菜鳥，其實需要破釜沉舟的勇氣，尤其是決定轉職時，我已超過四十歲，一般是把穩定看得比挑戰更重要的階段。老實說，我內心也有過一番小小的掙扎，但當年拋下在臺灣辛苦建立的職涯，移民到英國一切從零開始的經歷，讓我毅然決然勇敢地踏出轉職這一步，因為人生最美好的事往往發生在跨出舒適圈之後。

事實證明這個中年轉職的決定的確是我的職涯中水到渠成的抉擇，它除了能完美配合我身為二寶媽的生活型態，也讓我有更多自由及時間來調配及經營個人品牌，WFH 的遠距工作型態提供了正職工作和發展副業之間更多彈性，包括寫稿或舉辦線上講座，甚至後來成為職涯教練和學生做線上諮詢都能遊刃有餘地兼顧，這個新工作可說是把我的斜槓人生推向另一個新的境界。

回顧十四年的英國職涯，經歷過三個重要的階段：

第一，二〇〇八年的 gap year，受到 Joe 的啟發，讓我在英國找到喜歡的自己，並在心裡萌發在英國建立職涯的念頭。

第二，二〇一一年正式移民英國，將自己當成一張白紙，在英格蘭中部小鎮從無到有一步步打造自己喜歡的職涯。

第三，二〇二一年被高薪挖角，再次踏出舒適圈，投入另一個全新的職涯挑戰，並將斜槓人生發揮到極致。這段看似無心插柳的旅程，當中卻充滿決心、毅力與勇氣，以及最重要的——相信自己的能力，無論是從天助自助的「吸引力法則」觀點來看，或是從心理學的角度用「自我實現的預言（self-fulfilling prophecy）」來解釋，相信自己有克服困難的能力，絕對是成功的必要條件之一。

分享了我的英國職涯三部曲後，接下來將利用後面的章節分別介紹在海內外的跨文化職場中，有哪些身為遠距工作者不但要懂得、還要牢記在心的生存攻略與職場禁忌；以及迎接 WFH 時代，遠距工作的現況、未來發展與優缺點各是什麼；如果想成為百分之百的遠距工作者，又需要具備哪些能力與心態；在成為跨國遠距工作者之前，又有哪些制度和法規面的眉角應該事先熟悉。簡而言之，這本書將提供所有想成為世界級人才的讀者們一個全方位開拓國際職涯的入門指引，無論你是想在臺灣找外商公司職缺或希望應徵跨國企業的遠距工作，又或者是想日後出國工作，這些內容都能協助你更快、更順利地融入國際職場，在世界各行業的舞臺找到屬於你的一席之地。

第二章　跨文化職場生存攻略

#在國外找工作，你不能不會寫的求職信

英國和臺灣的職場生態各有差異，語言和文化也截然不同，以倫敦等大都市來說，競爭者來自全世界，要如何在世界人才的競技場中，找到自己的舞臺？累積了超過十一年對英國職場的研究與觀察，我認為除了本身的專業能力要強、實力要夠以外，對於第一次在英國找工作的人來說，適應當地的求職潛規則更是重要且基本的。在英國找工作必須跟著英國人的遊戲規則走，套用到其他國家的狀況也是一樣，千萬不要一味地用在臺灣求職的那套方式，認為只要在 104 或 1111 等人力銀行平臺註冊並填好履歷，就能應徵工作，以及用同一份制式履歷和自傳打遍天下，投遞到應徵職缺的所有公司，這些臺灣人習以為常的求職起手式，在其他國家的就業市場

上可能行不通。就我的觀察，在英國和在臺灣求職的最大不同之處，就在於那短短一頁的求職信。

什麼是求職信？在歐美國家找工作時，它是很常見的正式文件，長度大約是一頁Ａ４紙，一般會伴隨著你的簡歷（resume）在填寫工作申請（job application）時一起被遞交出去，目的是加強簡歷裡沒有強調的部分，同時客製化你的工作申請，畢竟簡歷的內容比較制式且標準化，如何針對職務內容說服你想應徵的公司，讓他們相信若不邀請你去面試就是他們的損失，真的只能靠求職信來完成這個任務了。

此外，求職信還有兩個附加功能，讓你的工作申請更完美。

一、展示你的個性與溝通方式

有別於簡歷著重在條列每段工作經驗，求職信提供求職者一個能展現文采的機會，而透過這段文字，潛在雇主能進一步了解你的個性以及慣用的溝通方式，讓對方能更全面地認識你。

二、解釋簡歷中可能被質疑的部分

簡歷受限於固定格式，無法對每一段工作經歷詳加解釋，譬如你的兩個工作之間的空檔過長（一般指超過半年），或是你從A產業轉職到B產業，如果未經解釋，這些現象極有可能被雇主視為所謂的紅旗（red flag）*，這種情況下，你可以在求職信中詳細解釋，化解可能被雇主歸類為潛在疑慮的紅旗。

許多招募廣告會要求求職者附上求職信，而大部分的人力資源網站像Reed、Indeed、Totaljobs也會要求用戶撰寫求職信。一封精心撰寫的求職信能包含許多簡歷無法交代的細節，用它來補充簡歷無法呈現的額外資訊，不但能幫助招聘者更深入地認識求職者、了解他的背景，在兩位求職者的專業技能勢均力敵時，求職信寫得比較好的人往往有更大的機率勝出，成為得到面試機會的優勝者，因此我建議：即使招聘廣告上沒有要求，求職者還是應該主動附上求職信。

* 紅旗在英文的原意是危險或警告，後來成為應用在日常生活對話的俗語，通常指初次見面時，在彼此都不熟悉對方背景的情況下，其中一方出現讓另一方覺得苗頭不對的徵兆。在本文中是指簡歷出現一些在人資眼中被視為大忌的經歷。

看到這裡，有些讀者可能覺得求職信似曾相識——似乎和在臺灣求職時寫的「自傳」有異曲同工之妙，但求職信的寫法、對結構的要求和自傳完全不同，千萬不要搬出以往寫自傳的那套做法，那樣不但無法幫你的求職申請加分，還有可能讓人資（Human Resources, HR）在第一階段篩選時，就先把你刷掉了。了解求職信的重要性後，你一定很想知道該如何寫好求職信，畢竟在臺灣找工作通常不用寫求職信，大部分人對它比較陌生，以下就和大家分享幾個撰寫求職信的技巧。

一、看清職務要求，量身打造專屬內容

在英國找工作，最忌諱的就是用同一個版本的溝通方式「亂槍打鳥」，這會讓雇主覺得你只是想碰碰運氣，並不是真的認為自己可以勝任或想要得到這份工作。若求職信的針對性不夠強，人資根本不會花時間看你的履歷。因此建議寫求職信之前，務必仔細閱讀職務描述（Job Description），看清楚職務要求，在求職信中針對該職位著重的技能與經驗多加著墨。

二、第一段寫總結，其他段落多用實例

求職信和情書不同，不需要含蓄地慢慢鋪陳，請務必在第一段就寫出整封求職信的重點，再用後面的段落一一擊破各個細項。求職信第一段通常是總結你到目前為止的職業生涯發展與成就，讓收到你的工作申請的人可以在最短時間內快速了解你的專長。緊接著要從你的經驗中大量使用具體實例說明為何你適合這項職缺，可以是你工作中的真實案例，或是曾得過的獎項、專利、證書等，總之就是用你的豐功偉業去呼應該職缺的要求，向潛在雇主證明你是最完美的不二人選。

三、用條列方式歸納重點，總長不超過一頁

為了讓人在最短時間內一目瞭然，寫求職信最好使用條列（bullet points）的歸納方式，每一條聚焦一個核心，譬如第一條說明你的領導能力，第二條談你的專案管理能力，並將這些重點用粗體字標示起來，讓負責招募的人資容易清楚辨識。求職信最好不要超過一頁，內容必須精闢簡要，句句講到重點，而且不要重複簡歷裡提過的事，否則會給人重複性高的累贅感。簡歷和求職信應該是相輔相成、互相補

充的兩份文件，撰寫時要盡量針對你所申請的職務要求來微調，才能達到真正的客製化，也更能讓招募者留下深刻的印象。

四、別忘了強調志工經驗

雖然當志工是為了服務，而非為了求職或履歷表上的亮眼經歷，但在英國申請工作時，如果有志工經驗，的確會讓雇主對你「另眼相看」。對許多外國企業雇主來說，不支薪的志工工作經驗，最能反映應徵者的「積極性」，若是曾在海外從事志工工作，對於應徵者的「國際觀」更有加分作用。建議可以在求職信中特別說明自己為何選擇某個志工項目，以及從該經驗中得到哪些技能符合應徵職缺的要求。

五、最後一段的藝術

前面提到求職信第一段要總結你的技能、專長與成就，讓閱讀的人可以很快勾勒出求職者的全貌，求職信最後一段也很重要，有畫龍點睛之效，讓人看完一整頁內容後，能輕易掌握重點。英國職場專家建議，求職信最後一段請再次強調你的技能中最符合該職務要求的兩項關鍵能力，以及它們將如何為這個職缺與該組織帶來貢獻。這個動作的目的是提醒招聘者你的主要強項是什麼，讓對方感到如果不邀請你參加面試，他們就虧大了。

六、主動爭取面試機會

想在英國職場生存，最關鍵的能力就是「爭取」（也就是吵著要糖的能力）。不管是想升遷或加薪，或是談年薪時，想為自己多加一、兩個月薪水，直接爭取就對了，雖然老闆最後不一定會答應，但若不主動爭取，幾乎不可能得到這些機會。要知道歐美各國的企業中，「惦惦吃三碗公」的老闆也不少，如果不出聲，他就假裝不知道你該調薪了。這個道理應用在申請工作上也是一樣的，你撰寫完成強而有力的求職信最後一段的末尾，請務必記得主動爭取面試機會，這會給人有企圖心的印象。至於要如何表達想爭取面試機會的決心呢？英國職場專家建議，不妨在畫上求職信的句點之前，加上這三個元素：

一、你的聯絡方式，包括 email address 與手機號碼。雖然這些資訊在簡歷裡都有，但此處重複寫上的目的是讓對方知道你是認真的。

二、方便聯絡的時間。讓對方感受到你有事先為他設想，如果他原本就有意決選（shortlist）你參加面試，這樣的貼心舉動更能增加想邀請你來面試的動力。

三、意圖明確，語氣堅定，但不要給人壓迫感。爭取面試最好不要用迂迴戰術，直接表達想爭取面試機會是最好的方式，但用字遣詞要小心，千萬不要讓人覺得你太粗暴或咄咄逼人，建議可以使用「**I look forward to discussing what my background can bring to the team in greater detail with you during an interview**（我很期待在面試中與您更詳細地討論我的背景經歷可以為團隊帶來的效益）」，這種措辭法明確專業又有禮貌，是職場專家一致推薦的安全寫法。

讀者朋友看到這裡，想必已經對撰寫求職信的技巧有了初步認識，接下來提醒您寫求職信的五大禁忌，千萬不要誤踩地雷。

一、不要寫你的需求

求職信的重點是向招聘者推銷你自己，重點是你如何能滿足對方的職務要求，而不是你本人對工作的需求，千萬不要寫你要準時下班、想要的薪水範圍、公司年假至少要多少天之類的事，這些內容都不在求職信的討論範圍。

二、不要寫和職缺無關的事

前面說到求職信和情書不同，不需要鋪陳或敲邊鼓，因此再強調一次，千萬不要寫和職缺無關的內容，別以為在求職信中吹捧該公司或寫些能搏取同情心的故事，就會讓人對你產生好感，事實剛好相反，如果你寫的內容沒有緊扣著職務描述所需的重點，應該很少人會有耐心看完。

三、不要批評前雇主

做人不要過河拆橋，應該是放諸宇宙共通的道理。即使那座橋已經快垮了，也應該心存感激它讓你平安過了河，至少不要在即將踏上另一座橋的面前說它的壞話。從撰寫求職信到參加面試的整個求職過程中，都不應該透露出對前雇主或現任雇主的批評，這點看似常識，卻有很多求職新手不知道要避免，一旦在未來的潛在雇主面前說了前雇主的壞話，潛在雇主心裡自然會擔心如果雇用了你，你將來也會在別人面前批評他，因此根本是自掘墳墓的行為。重要的話講三遍：不要批評前雇主、

不要批評前雇主、不要批評前雇主。請大家務必記得！

四、不要說謊或吹牛

「誠實為上策」雖然不一定永遠是真理，但求職時絕對是金玉良言。尤其是寫到你以前的職銜和職責時，千萬不要造假或無中生有，許多歐美公司都會做事實查核（fact-check），操作方式和臺灣一樣，通常是應徵公司的人資或面試主管會打電話給應徵者所提供的前直屬主管或前老闆，詢問求職者之前的工作狀態，如果被查出是澎風或根本亂寫，絕對會被該公司列入拒絕往來的黑名單。

總結來說，求職時應該把工作申請表裡的任何一份文件都當成行銷個人品牌的工具，撰寫我們比較陌生的求職信時，請把握以上提到的幾個原則，在短短一頁內容中，充分展現你最能和該職缺緊密連結的專長與技能，並用具體的實例說服潛在雇主，讓他們覺得應該邀請你來談談，否則可能有錯失優秀人才的遺憾。

#善用 LinkedIn 讓獵頭顧問主動幫你找工作

前篇文章分析了在英國找工作的入門技巧，但老實說，想在國外公司任職，與其自己辛苦地搜尋職缺，還不如讓有經驗的獵頭來幫你找工作，為什麼這麼說呢？

第一、獵頭的收益建立在幫雇主找到合適員工的傭金上，只要他們覺得你適合這份工作，絕對會非常積極地向雇主推薦你。

第二、專業又資深的獵頭通常和客戶雇主合作過許多次，他比你更了解雇主，也比你更清楚那家公司的企業文化，知道雇主會看中的是員工的什麼能力，當然能在面試前提供更好的建議，讓你準備時更能掌握方向。

那要如何讓獵頭找到你呢？歐美國家的獵頭大多在 LinkedIn 上找人才，因此本篇內容要教大家如何在 LinkedIn 上被獵頭注意到。

以在英國來說，「靠 Tinder 找好姻緣」或許有點不切實際，但「靠 LinkedIn 找好工作」絕對不是玩笑話。根據二〇二一年科技公司 Kinsta 所做的統計顯示，英國有超過九成的獵頭或人才招募單位都有使用 LinkedIn 的習慣，而問券調查中，剛換工作的人有四分之三表示是 LinkedIn 幫助他們找到新工作。想在歐美就業市場求職的人都知道申請 LinkedIn 帳號是找到好工作的第一步，而量身定做一份適合你的 LinkedIn Profile，幫你打造完美的線上人設，則是縮短你和好工作之間距離的最佳方式，畢竟敬業的獵頭或人資一天平均要看成千上百份履歷，如果你的 LinkedIn 履歷檔案不夠吸睛，他們大概不會留意到你。

如何打造一個吸引人的 LinkedIn 履歷檔案呢？我幫大家整理出以下八點：

一、提供完整且充分的個人資訊

LinkedIn 檔案包括以下十個部分：About（關於你）、Experience（經歷）、Education（學歷）、Volunteering（志工經驗）、Skills（技能）、Recommendations（推薦）、Courses（進修課程）、Projects（經手專案）、Languages（語言能力）、Interests（興趣），這些不同的區塊顧名思義，就是要用戶詳細交代自己的學歷、經歷、專業能力和證照、興趣等，因此每個部分都要盡量填寫完整，尤其是 About、Experience、Education 這三大塊最為重要，切忌草率帶過。

二、文字寫法短小精練

LinkedIn 檔案要完整且充分，但不是要你寫成長篇大論，讓檔案變成像裹腳布那樣又臭又長，而是使用最精準又簡潔的文字清楚交代學經歷，套句英文諺語「short and sweet」來說，就是精練簡短的文字最有吸引力，尤其是寫「About」這個部分的時候，切忌落落長，務必將內容控制在二百字以內。關於撰寫此部分的自我介紹，後面會有篇幅特別說明。

三、善用關鍵字

撰寫 LinkedIn 檔案時，請想像自己在做 SEO*，多使用熱門的關鍵字（keyword），增加被獵頭或人資搜尋到的機會。你可能會問：到底哪些才是熱門的關鍵字呢？這個問題沒有標準答案，不外乎就是職務名稱、業內經驗、技能和證書，針對不同產業各有不同的關鍵字，以我從事的行銷業為例，根據知名簡歷諮詢網站

* SEO：Search Engine Optimization（搜尋引擎優化），即遵循搜尋引擎以「用戶需求體驗為主旨」的運作邏輯與規則，藉由調整網站架構或內容達到搜尋排名提升，從中獲取流量、提升品牌知名度與業績的行銷操作手法。

（resume review website）Resume Worded二〇二二年的調查，人資和獵頭在LinkedIn上尋找行銷人才時，最常使用的關鍵字包括：marketing strategy（行銷策略）、digital marketing（數位行銷）、social media marketing（社群媒體行銷）、online marketing（線上行銷）、product marketing（產品行銷）、event management（活動管理）、advertising（廣告）、project management（專案管理）、business strategy（商業策略）等。

我建議讀者朋友如果對某個產業有興趣，不妨先研究該產業在LinkedIn上最熱門的搜尋關鍵字是哪些，再運用關鍵字行銷的邏輯，將自己和熱門關鍵字連結在一起，把自己當成一件商品，增加「成交」機率。

四、專業的個人照片與封面圖片

整個LinkedIn檔案上只有兩個地方可以放上照片，一個是圓形的個人照片（profile picture），另一個是長方形的封面圖片（cover picture），如果想打造完美的線上人設，一定要好好把握這兩個地方，放上能呈現專業形象的照片。或許你會說：LinkedIn 又不是 Tinder 或 Facebook，照片應該不重要吧？但請將心比心，站在獵頭或人資的立場想想，如果一個人的檔案連照片都沒有，或是照片背光，臉都看不清楚，你會不會懷疑是詐騙呢？相反地，如果看到一份內容完整、照片呈現專業形象的 LinkedIn 檔案，是不是自然覺得這個人比較值得信任呢？

五、請合作過的同事或客戶幫忙推薦

口碑在招聘時實在太重要了，尤其歐美公司的雇主因勞基法規定嚴格，不太能輕易開除員工，因此招聘員工時，對方的口碑就成了雇主和獵頭考慮的關鍵因素之一。如果和過去的同事或客戶關係不錯，不妨邀請他們在「Recommendations」的部分幫你寫兩句推薦語，或是在「Skills」的部分幫忙留下針對你專長的背書（endorsement），這些對你的個人檔案都有意想不到的加分作用。

六、志工經驗幫很大

歐美企業雇主重視員工是否有當志工的經驗，無償的志工工作除了能看出一個人真正的興趣與熱情所在，也可當成評估一個人是否積極的指標，畢竟不為金

錢工作的前提，大多建立在強大的自我實現動機上。這也是為何 LinkedIn 上會有「Volunteering」這個區塊，我建議有心向國外企業求職的朋友，有空時不妨多找機會做志工，讓你的 LinkedIn 檔案更豐富精彩。

七、社交活躍以提高能見度

LinkedIn 就像所有的社群平臺一樣，它能發揮功效是建立在使用者和他人社交的基礎上，如果你使用 LinkedIn 時不是非常「社交活躍（socially active）」，能見度大概也不會太高，因此想認真經營你的 LinkedIn 檔案，一定要盡量保持活躍度，多和別人連結（connect），也不要吝於按讚或分享好文章，這些互動真的是多多益善。此外，建議大家可以多參加和自身職業有關的專業團體，如果看到感興趣的線上講座也請盡量報名，這不但能提高你在專業上的能見度，也能得到更多業界的最新知識與資訊，一舉數得，何樂而不為呢？

八、定期發表和業界有關的觀察與分析，建立專業形象

我從二〇一五年開始在求職網站 Meet.jobs 撰寫和英國職場有關的文章，後來陸

續在《商業周刊》旗下的《alive》、《天下雜誌》集團旗下的《換日線》平臺，以及《關鍵評論網》上經營職場專欄，至今「職場作家」已成為我個人品牌中很重要的關鍵字之一，這些專欄成為大部分粉絲認識我的第一步。把同樣的邏輯應用在經營的你LinkedIn 檔案，若想在 LinkedIn 上以某種專業形象被獵頭發掘，進而轉職成功，定期發表和該領域有關的文章就顯得至關重要。

LinkedIn 是在歐美職場中打造個人品牌的最佳媒介，請從現在開始練習用英文發表關於業界洞見的文章。如果擔心自己的英文能力不夠好，發表文章之前請務必使用專業的英文校對服務，讓專業人員檢查文法與錯別字，千萬別發表文法不通或錯字連篇的文章，否則不但無法讓潛在雇主留下好印象，還會有反效果。

分析完如何打造吸引人的 LinkedIn 檔案後，接下來和大家分享如何撰寫「About」，它可說是整個 LinkedIn 檔案最精華的部分，緊接在照片下方，是第一個讓人讀到的部分，套句行銷的行話，這段文字就是所謂的「電梯簡報（elevator pitch）」*，它總結了

* elevator pitch 又可稱作 elevator speech，其特點是「在有限時間（三十至六十秒）的場合中，以簡潔有力的方式迅速傳遞個人、產品或服務資訊，並讓對方想進行後續的談話。

你這個人到目前為止在專業領域的生涯發展，無論是你的技能、專長或成就等，只要和工作直接相關，都應該用精練的文字包裝後放進「About」。獵頭或人資是否會停下來仔細閱讀你的整個檔案，時常取決於這個部分的內容。當然，就像「電梯簡報」講究快狠準，「About」的文字同樣別寫得落落長，請務必控制在英文二百字以內，否則看到的人很有可能在耐心用完前就默默飄走了。

二百字說長不長、說短不短，要寫好確實需要花一番功夫。如果想在二百字以內好好寫出一段能強化個人專長，又有組織、有邏輯，同時還有個人特色的文字，讓你的 LinkedIn 檔案不至於淹沒在茫茫的人才大海中，以下系統性地提供五個寫作技巧供大家參考：

一、**解釋你目前的職務**。寫作方向包括：

- 你的客戶是誰？
- 你幫他們解決了什麼問題？
- 你對工作的產業帶來什麼正面影響？

- 你的職務有哪些重要角色？

二、**描述你的熱情**。寫作方向包括：

- 哪些事會讓你廢寢忘食？
- 你有和工作相關的嗜好嗎？
- 哪些工作任務讓你感到興奮？
- 哪些工作即使不支薪你也樂在其中？

三、**介紹你的過去**。寫作方向包括：

- 描述你的職涯規劃以及它如何讓你成為今天的自己？
- 如果有跨產業的轉職經歷，分析為何會做出這樣的選擇？
- 說明你的學歷及所學對工作專業提供了何種幫助？

四、**強調你的成就**。寫作方向包括：

- 你最強的硬實力。

- 你最強的軟實力。
- 你的代表作（曾做過哪些大案子，或發明了哪些專利）。
- 你得過哪些獎項？
- 讓你印象最深刻的一句讚美。

五、最後請別忘了加上一點人味，讓你的文字多點個人特色，而不只是制式的陳腔濫調。寫作方向包括：

- 簡單用一句話說明你的個性。
- 你的朋友都怎麼形容你。
- 你的獨特點。
- 簡述你工作以外的一面。
- 工作以外的嗜好對你的專業有哪些幫助？
- 你的家庭背景對你的工作提供了什麼助力？
- 最好採用說故事的寫作風格。

以上系統化地向大家簡單介紹經營 LinkedIn 檔案的撇步，如果你還沒有使用 LinkedIn 的習慣，現在就下載並開始打造你的線上完美人設，用 LinkedIn 建立你和世界級職場的第一個連結。當然，雖說是線上完美人設，內容還是要建立在誠實的基礎上，否則即使騙到面試機會，沒有真正實力還是不容易被錄取，各位讀者朋友在心裡應該要好好拿捏「誇大不實」和「美化修飾」之間的界限。

#術業有專攻，面試有技巧

前兩篇文章分別談到如何在申請工作時寫一封有加分效果的求職信，以及該如何利用 LinkedIn 檔案讓獵頭幫你找到好工作，如果以上兩項準備工作你都做到了，也順利得到面試的機會，那麼恭喜你已跨出求職成功的第一步，但不代表這場仗已經打完了，更大的挑戰還在後面，尤其說到英文面試，大部分臺灣人可能會覺得很恐慌，畢竟面試已經是讓人腎上腺素飆升的事了，還要使用不是我們母語的英文來進行，光是想就讓人頭皮發麻，緊張到語無倫次了。因此接下來分析在英國或其他國家的外商公司參加面試時，需要如何準備才能出奇制勝的小技巧。

首先談如何準備面試題目。二〇一一年剛移民時，我初次被英國公司邀請去參加面試之前，許多熱心的職場前輩告訴我，一定要上網蒐集題庫，也就是經常在面試中出現的問題，這些「考古題」很容易在網路上找到，五花八門、各式各樣的面試題目應有盡有，有些問題非常需要回答技巧，譬如「你最大的缺點是什麼」、「舉一個你和同事發生衝突的例子」等，當初準備時真的花了不少時間。一轉眼十年過去，我已是英國職場裡的老鳥，不但成功換過兩次工作，面試經驗也算豐富，根據在行銷業求職的經驗，我認為英國正派的公司比較常問的面試問題，大抵不跳脫出以下六個題目，我將利用一些篇幅分別加以介紹，並提供準備作答的方向：

一、介紹一下你自己

雖然面試官手上都有求職者的簡歷和求職信，但還是會問這個暖身題，原因是他們想知道你怎麼看待自己，以及你將如何在最短的時間內把自己推銷出去。這個問題看起來很簡單，但想回答得好需要事先下一番功夫，它深深考驗面試者的「提案力」，也就是在客戶或同事面前，如何說服別人採納自己想法的能力，而一個提案會被接受，通常是內容剛好打中對方的需求，套用在面試上，就是你回答的內容緊貼該職缺需要的所有技能與特質。

準備這題的答案時，正確做法是仔細閱讀職務描述後，列出五到十個該職務最需要的技能，再結合你的學經歷裡符合這些技能的部分逐一強調，譬如職務描述是需要有豐富的專案管理經驗，自我介紹的第一句話就應該是「我是〇〇〇，我有〇〇年的專案管理經驗，目前在〇〇公司擔任專案經理職位」。千萬不要老老實實、鉅細靡遺地交代祖宗十八代，從幼稚園一路講到研究所畢業。面試時間寶貴，每句話都要說在刀口上，句句都要是重點。

請記住，面試的自我介紹不是平常在社交場合的朋友閒聊，而是你的「**elevator pitch**」，為了在最短時間內說到能打動面試官的關鍵字，請務必仔細閱讀職務描述，並針對它量身打造一個讓人驚豔且印象深刻的開場白。

二、為何覺得你能勝任這個職位？

自我介紹結束後，自然要開始正式向對方推銷自己，而這一題翻成白話的意思就是問：「我們為何麼要買『你』這項產品？」這道題真的非常重要，幾乎可說是整場面試的重頭戲。

好消息是，我覺得參加國外企業的面試準備這題的回答時，反而比在臺灣求職時更有方向，因為國外企業的招聘廣告通常有非常詳細的職務描述，尤其規模愈大的公司愈是鉅細靡遺。大公司因組織龐大，招聘過程嚴謹，為了讓求職者的面試結果可以量化，人資部門通常會將職務說明寫得非常詳細，讓面試官可以在進行面試時針對每一項內容打分數。準備這題的回答時，只要牢牢記住職務描述裡提到的每一點，配合你的工作經驗中的實例，一一說明你如何符合職務描述的要求，而且盡量每一點都要呼應到，才能讓面試官無可挑剔，同意你真的可以勝任這份工作。

譬如職務描述中提到需要具備編列及控制預算的能力，就可以陳述你做預算（budgeting）的經驗豐富，從一萬英鎊到一百萬英鎊的預算計畫都曾做過，因而很熟悉這套流程，也知道如何幫公司用最適當的預算買到最好的產品或服務。總之就是用實例說服對方，讓他們覺得你就是這份工作最理想的人選，非你莫屬。

三、你對我們公司有多少了解？

這題幾乎是百發百中。面試官想知道來面試的人是否有做過功課，事先研究該公司的組織文化與核心價值，以及提供哪些產品或服務，以避免來面試的人只是亂槍打鳥地應徵，根本不了解求職的目標到底是一間怎樣的公司，甚至搞不清楚公司在做什麼的情況下就前來面試。

如果面試者講不出個所以然，即使他的簡歷再優秀、學經歷多亮眼，雇主也不太可能考慮錄取他，畢竟誰會想要雇用一個對自己公司一點興趣都沒有、也不願意花時間了解公司的員工呢？因此建議在面試前務必仔細研究該公司的網站，甚至連它在社群媒體上發表的內容也應該留意，很多公司或許不經常更新官方網站，卻時常在社群媒體上發文，求職者如果關注這些平臺，較能掌握該公司的最新動態。

四、你為何想來我們公司？

面試官會問這題和下列因素有關：

（一）不管是歐美企業還是臺灣企業，大多非常重視公司內部的人和，徵才時希望找到相同頻率的人，除了專業技能必須符合公司要求外，也希望從面試中獲悉求職者是否適合公司的組織文化。

（二）歐美社會一向注重人權，對勞工權益的保障規定較多，雇主若想解雇某位員工，需要依規定跑一定的流程，否則會因違反《勞基法》而受罰，大部分雇主會擔心「請神容易送神難」，如果雇用了不是真心想得到這份工作，或不是出於正當理由想加入公司的員工，到時候想擺脫他們還不太容易。

基於以上兩點，雇主想透過這個問題來了解求職者真正的動機，並從答案中判斷他們是否找到對的人。

至於該怎麼回答這題呢？我還是認為**誠實是最好的答案**，畢竟動機是騙不了人的，就算騙得了一時，也騙不了一世，坦白告訴對方你想加入這間公司的原因，譬如說你仰慕該企業的組織文化，或是認為該職位的職務內容符合你的興趣，只要是你心裡最真實的動機，就是最好的答案，但切忌批評前雇主或現任雇主，千萬別脫口而出地說：「我想加入貴公司是因為我受夠了現在的公司。」那會讓對方覺得你只是逃避眼前無法解決的問題，並不是真心想爭取這份工作。

五、你為何要離開目前的公司／前一間公司？

如果面試時聽到這個問題，你要在心裡竊笑，通常雇主會問到這題，表示對你挺感興趣的，覺得你各方面都符合要求，因此想進一步知道為何想離開目前的公司和職位；若你去面試時處於待業狀態，他們也會想知道之前是為了什麼原因離職。這題和前一題的提問目的是相關的，潛在雇主想從你的回答中判斷你是否是對的人選，以及想轉職的動機為何。

這題其實不容易回答，如果輕描淡寫地帶過，對方可能覺得你並不是真的想轉職，極可能不會把機會交給你；若回答中交代太多細節，甚至把前公司批評得一無是處，對方又會覺得你似乎和前雇主相處得不是很好，絕對算是面試中最常見的「難搞題（tricky question）」之一。

回答這個問題時，我建議採取「正面原則」，也就是盡量採用正面表述的方式，譬如「我在目前的公司已經任職超過五年，相關領域的知識和技能都已經學會並熟練，是時候選擇一個更大的機構以提升自己的能耐。」請避免用負面的陳述回答，譬如說目前公司無法支持彈性上班時間，讓你感到很困擾，萬一該公司也未實行彈性工時制度，那麼你被錄取的機會就大大降低了。

除非你確定該公司不存在這個造成你想離職的問題，否則最好不要使用「負面原則」，即使要使用「負面原則」，也千萬不要批評前公司或目前的公司，建議用公正客觀的字句來說明，譬如可以說前公司限於組織規模較小，無法提供員工完善的升遷制度，因此你希望在規模大一點的公司有更多升遷發展的機會。用事實陳述問題，而不是用情緒性字眼抱怨，不但聽起來比較中性，也能讓潛在雇主看出你的素養及品格。

六、你有什麼問題要問我們嗎？

你沒有看錯，在國外參加面試幾乎一定會被問到這題，通常是面試接近尾聲時，面試官會問面試者有什麼問題，無論是對公司本身或對職務內容有任何疑問，都可以利用這個機會提出，而這個看似不重要的問題，其實是可以幫你加分的重要環節，因此千萬不要傻傻地回答「沒有」，或是問了無關緊要的問題，請記住：向面試官提問對的問題，極有可能讓你脫穎而出，成為潛在雇主決定錄取的關鍵。譬如問公司的升遷制度或中長期計畫，讓雇主感覺你對這份工作不但有願景，對自己的職涯也有一番規劃。美國知名職涯諮詢公司 **Let's Eat, Grandma** 建議，整場面試中唯一能讓求職者主導的，就是這關鍵的一題，與其提問自己真心想問的問題，不如先問在場的面試官：「針對這個職缺，請問各位最看重的是什麼條件？」

為什麼問這個問題呢？原因有二：

（一）真正理解在場的每位面試官心裡的想法，如果他們其中一人的答案剛好是你前面沒有講到的部分，就可以利用這個機會好好補充說明，讓面試官進一步知道你也具備這項他覺得重要的技能。

（二）如果面試官中有一人是支持你的，他會利用這個機會為你站臺，說你剛剛提到的他都覺得是最重要的，這樣的舉動等於在其他面試官面前幫你拉票，讓他們覺得該在眾多求職者中選擇你。

你覺得這樣做很有心機嗎？但成功的面試本來就像一場棋局，每一步都要經過沙盤推演，仔細評估如何出招才能對自己有利。讀者朋友們有機會參加海外工作面試時，不妨試試這個由英國職場專家推薦的「心機提問法」。

對面試的六大問題有了基本了解之後，我們再來談談面試時有哪些必須注意的事項。

一、善用例子回答情境題

前文提到國外公司擔心雇用到不適任的員工，會出現「請神容易送神難」的情況，所以面試中會提問大量的情境題，這些問題極有可能是真實發生在該公司的案例，或是面試官創造的假設性問題，而且因產業差異，可能有千百種不同的問法，在此無法一一列舉，但這些問題有個共通性，它們的目的不外乎測試你的經驗與解決問題的能力，因此回答時不妨帶入自己的經歷，說明你當時怎麼處理、如何應變而得到圓滿的結果，或是因此為公司創造出什麼額外的價值，帶來什麼貢獻，並加入可量化的具體成就，例如「我曾幫公司申請了十項專利」，這種回答絕對能讓你得到高分，進而在眾多競爭者中脫穎而出。

二、用專業面對天外飛來的一題

除了情境題之外，面試官有時也會問一些很難事先準備的「即興題」，這些題目或是面試官從你的回答中延伸出來的問題，或是故意用來測試臨場反應能力的問題，比較像是天外飛來的一題，根本無法事先預料，譬如我曾舉例說明自己做過哪些規模較大的案子後被問到「你之前服務的客戶都是知名品牌，但我們的客戶大多不是很有名，你會如何調整心態？」我回答：「行銷工作是服務業，不管客戶是誰，服務的原則都是一樣的，而且對我來說，成就的來源是客戶滿意度，而不是品牌的光環。」當時的面試官，也是我現在的老闆點了點頭，似乎很滿意這樣的回答。

也曾在面試中被問到是否有「第二專長」或「興趣」，當時回答自己有經營部落格，並從中得到許多經營社群媒體的心得。沒有隨口說出喜歡「逛街」或「看電影」這種和專業無關的答案，是因為知道老闆問題的目的是想了解我是否有「隱藏版」技能，是否可以對公司做出額外的貢獻。回答這個問題時，千萬不要像和朋友閒聊般隨口應答，而是挑出能和職務產生連結的興趣或專長回答。請記住，回答面試中的任何一題都要和你的專業緊緊相扣，無論題目有多即興，或乍聽之下是隨口一問，其實都暗藏著提問的玄機。

三、不疾不徐慢慢說，講清楚最重要

英文不是我們的母語，參加英文面試時，切忌說得太快——一方面是大部分的華人說英語多多少少還是有口音，為了避免面試官聽不懂，請用適當的語速和音量陳述；二來講話太快會給人急躁的觀感，不利於建立專業形象。建議在回答問題告一段落時，可適時詢問面試官有沒有問題，確認對方已完全聽懂你的陳述。

在此得澄清一個常被誤解的觀念：說外語有口音其實不會構成在國外求職的障礙，尤其參加的是跨國等級的大公司面試，員工組成本來就來自世界各地，大家早

已習慣來自不同文化背景的同事說話可能會有不同口音的事實，只要口齒清晰，把每句話講得清楚，能和團隊及客戶有效溝通，語言能力就已經足夠，即使說不出一口在地人的道地外語腔，也不用太擔心自己的口音問題。

四、態度自信和 Can-do 精神

和西方人相比，東方人普遍比較含蓄，但面試的短短三十分鐘至一小時裡，請盡量展現自信的態度，用音量適中、咬字清晰的方式說話，同時面帶笑容、態度自然、身體坐直、眼光注視面試官，絕對是建立好印象的第一步。不妨對著鏡子多練習幾次，這些都有助於建立專業且自信的形象，尤其是陳述自己的成就時，請用堅定的語氣與不卑不亢的態度，能讓面試官感覺你是值得信賴的人。

此外，有報導顯示，西方國家的雇主普遍對華人員工的職場倫理印象深刻，尤其是刻苦耐勞的特質，常與西方員工大相徑庭，往往因此在企業主間「傳為佳話」。而在這種刻苦耐勞的精神上增加主動積極性，便成為目前西方職場非常講究的「Can-do」精神，是許多雇主招聘時的考慮重點，面試時可以善用過去的職場經

驗舉例，強調自己任何工作都願意嘗試、不怕挑戰的「Can-do」精神。

五、絕對不要遲到

遲到在全世界的職場來說都是大忌，如果對要去面試的地點不是很熟悉，建議至少提早一個小時到達當地，以確保能在面試前十五分鐘向公司櫃臺報到。自從二○二○年新冠疫情肆虐，英國大部分的公司都將面試改成線上形式，因此面試前確保你熟悉線上會議的平臺，無論是 Zoom、Microsoft Teams、Cisco Webex、Google Meet 還是 Skype，一定要在正式面試前先測試過功能，建議在面試前十五分鐘登入，雖然面試官還沒上線，虛擬會議室也還沒打開，但如果有任何科技方面的問題需要克服，至少還有十五分鐘時間可以處理解決，而且就算一切正常，早點登入在虛擬大廳等待面試官開啟會議，也能給人一種你有萬全準備的印象。

六、衣著合宜

參加國外公司面試時的衣著原則與臺灣差不多，男生以西裝、襯衫為主，女生則是正式套裝，裙、褲不拘，可以化淡妝。美國知名職涯諮詢公司 Let's Eat,

Grandma 建議穿藍色、灰色系衣服，比較能給初次見面的人正面且專業的印象，應該避免的顏色包括紅色和橘色，視覺上太跳 tone 會略有唐突感。這個原則同樣適用於線上面試，參加線上面試時，通常只看得到上半身，許多人會穿成經典的「WFH look」，也就是上半身穿正裝，下半身卻穿睡褲的造型，但 Let's Eat, Grandma 建議，線上面試時最好穿上整套正式服裝，一方面是潛意識中給自己一種正式感，二方面是避免不小心站起身時，發生被看到睡褲的悲劇。

七、面試前先做情境模擬

得到面試機會後，可以先和有工作經驗的外國朋友模擬情景演練一次，除了把職務描述再仔細看一遍，也要把該公司的背景做一番徹底的了解。更重要的是一定要把面試官的常問題快速演練一遍。

後疫情時代的西方職場，線上面試已成為主流，在家演練時請將參加面試的場地設定一併考慮進去，需要注意的地方包括：

- 背景是否單純？

最理想的狀態是一面白牆，若無法做到，至少要確保不會有太多雜物入鏡。有些視訊會議軟體提供虛擬背景，能讓使用者省去在家找理想背景的問題，但使用虛擬背景時，要確保自己的身體不會被背景「吃掉」，如果你看過有人因使用虛擬背景，結果只剩一顆頭在螢幕裡晃來晃去，應該就能理解我在說什麼。

- 是否沒有噪音？

確定面試時間後，最好和同住的人協調好，避免在那個時段在家練團或進行需要敲敲打打的 **DIY**，如果其他人必須在同時段開視訊會議，最好請他戴上耳機或是距離你遠一點，總之就是確保你即將參加面試的房間不會受到噪音干擾。

- 網路是否穩定？

視訊會議百分之百仰賴網路，如果網路不穩真的就沒戲唱了，請盡量選擇家中網路最穩定的房間進行面試，同時要想好萬一網路掛點的緊急預備方案，譬如開手機熱點用４Ｇ或５Ｇ支援筆電上網等。

- 燈光是否明亮？

充足燈光真的非常重要，它能決定面試官是否能清楚看見你臉上的表情，以及你的所有非語言（nonverbal）肢體動作，千萬不要選擇燈光昏暗的房間，或是剛好背光的角度。有些人會選擇去買一盞網美燈來打光，Let's Eat, Grandma 認為最佳光源是來自窗外的自然光，所以最好選個臨窗的角落，讓自然光可以直接照進來。

八、從每次面試中累積經驗

如果你已經盡了最大努力，還是沒有被錄取，請記得一定要向雇主或面試官請教原因，以做為下次面試的改進指標。通常規模大一點的國外企業都會親自打電話或用 email 通知應聘者是否被錄取，而且雇主有義務告知為何他們選擇其他應徵者而不是你。雖然沒有人喜歡聽到自己的缺點，但不妨正面思考，將每次面試當成一種訓練，化此次失敗的原因為下次成功的關鍵。

自從線上面試在西方職場成為主流後，有個附帶的好處是你能在螢幕上看到自己的臉部表情與肢體動作，可以觀察到自己是否在被問到比較難回答的問題時，下意識地皺了眉頭或做出怪表情，這些在傳統面試時無法讓你看到的一面，拜高科技所賜，現在都能讓你同步親眼目睹，以提醒自己下次不要再犯下這些不好的習慣。

洋洋灑灑寫了許多關於面試的重點，希望以上這些面試小撇步對所有立志在海外謀職的人有所幫助，畢竟在海外找一份理想的工作不容易，除了要有真材實料之外，如何讓雇主在短短的面試過程中看到你的優點，更是一門學問。祝大家求職順利！

#被人歧視，如何自保？

在英國工作，最常被讀者或網友問到的問題之一：「你在英國職場有遇到種族歧視嗎？」我猜多數問這個問題的人，可能都預設我的回答是「有」，畢竟亞洲人在西方世界遭受到種族歧視的新聞時有所聞，甚至成為嚴重的社會問題，但我必須很老實地說，真的從來沒有遇過種族歧視，無論是日常生活或職場裡都不曾遇到！

英國政府二〇一〇年制定了《平等法案（Equality Act 2010）》，目的就是保障勞工不被職場的任何歧視所霸凌，而我是正是在二〇一一年移民英國，當時幾乎所有正規的公司都必須遵守這個法案的規定，從招聘階段開始就不能出現任何歧視行為，這或許可以解釋為何我在英國職場打滾超過十年，從來沒有感受到因來自臺灣而受到種族歧視。

我在英國生活沒有遇過種族歧視的原因，除了某種程度的幸運外，應該也和我個人的心態有關——不會在遇到不好的事情或不順利的情況時，馬上將別人的言語或行為貼上種族歧視的標籤，認為他們的不友善一定是因為我是華人；相反地，我會先思考是不是由於不了解英國文化而在無心的情況下冒犯了對方？我也會觀察此人是否對其他英國人也是這樣的態度？很多情況下，我發現某人的不友善可能只是他的人品問題，和我是什麼種族無關。再加上我神經比較大條，不太會糾結別人言語中的弦外之音，自然不會在腦中「建檔」，把剛才發生的事歸類到「被種族歧視」。

總之，我不會因為自己來自亞洲，就習慣性地把種族歧視掛在嘴上，而且我向來是「吸引力法則」的信奉者，深信愈聚焦在某個信念上，那個信念就會被你吸引。換言之，如果你一直糾結於自己是個外來者，抱持著大家都歧視你的被害者心態，很有可能愈來愈容易成為種族歧視者的箭靶。

當然，我也不得不承認，種族歧視在世界各國並沒有完全消失，畢竟法律要求的是基本道德，或許在某種程度上能約束個人行為，卻無法徹底改變心態與思想上有種族歧視傾向的人。本文要教大家如果在英國或國外職場不幸遇到這種人，該如何用法律來保障自己的權益，而不是默默地把委屈吞腹內，更重要的是，讓對方知道你雖然來自臺灣（或其他國家），對於英國的職場文化和法律還是有涉獵，不是好欺負的軟柿子。若你求職的是其他國家的企業，也不妨先上網蒐集該國的工作相關法律條文內容及資訊，讓自己在發展國際職涯時更有底氣，即使面對歧視也知道如何應對處理。

首先來了解英國《平等法案》創立的背景，以及它保障了哪些員工權益。英國政府一直相當注重人民的平等權利，只是二〇〇七年以前，並沒有專門的組織致力於推廣職場上的平等權利，直到同年十月，才由原本主導性別平權的「平等權利委員會（Equal Opportunities Commission）」、聚焦於推廣肢體障礙者權利的「肢體障礙權利委員會（Disability Rights Commission）」，以及專攻發展種族平權意識的「種族平等委員會（Commission for Racial Equality）」，共同組成了「平等人權委員會

（Equality and Human Rights Commission）」，專門負責保障所有族群在職場中的平等權利（Equal Opportunity），並在二〇一〇年公布了《平等法案》，該法案確保所有的勞工無論是來自任何背景，包括任何年齡、性別、種族、肢體障礙、懷孕與否、婚姻狀況、性取向、性別認同、宗教背景等九項指標，雇工必須在雇用過程的各個階段都給予一律平等的機會，甚至包括雇用前的階段（pre-employment phase），也就是說從招聘階段，雇主就該確保每個人都有平等的權利申請工作，參加面試的機會也是均等的。

「多元性（Diversity）」也是《平等法案》裡重要的鐵則之一。多元性是指雇主在尊重員工來自各種不同背景的前提下，認清各族群有不同的需求，並提供合適的支持與協助，譬如必須為生完小孩回來工作的員工提供哺乳室，或是針對肢體障礙人士提供無障礙空間環境，讓他們能順利參加面試。「平等權利」與「多元性」不只在職場中，對整個英國社會而言，都是愈來愈受到重視的兩大關鍵議題，尤其對政府機關或學術機構，可說是相當重要的「政治正確」，更是政治人物或學術界人士絕不能踩到的紅線。

了解《平等法案》的定義後，再來分析現實生活中，它如何具體地保障勞工的權益。一般來說，在招聘階段，雇主必須遵循以下原則：

一、確保招募人才的過程中，沒有任何申請者是因其年齡、性別、種族、肢體障礙、懷孕與否、婚姻狀況、性取向、性別認同、宗教背景等原因而被淘汰。

二、招聘廣告中必須詳細明列職務描述與個人能力要求（person specification），以確保每位求職者都是被同一套標準篩選，而不是主觀判定的結果。

三、招聘廣告必須刊載在多元化的媒介上，包括求職中心的公布欄或線上求職網站等一般人容易接觸到的地方，讓大眾有公平爭取工作職位的機會。

四、面試官不能只有一位，而且最終決定者也不能只有一個人。

五、無論是在工作申請表裡或面試中，都不得詢問求職者的年齡、性別、種族、肢體障礙、懷孕與否、婚姻狀況、性取向、性別認同、宗教背景等。

六、不管來自任何一個族群，所有求職者的待遇一律平等。

而正式進入雇傭關係後，雇主必須確保每位員工的權益都是一樣的，具體措施包括：

一、所有員工都能得到一樣的福利與待遇，分配工作時也秉持公平原則。
二、確保職場中每個員工都能免於歧視，並有不被霸凌的權利。
三、保證同層級的員工都能得到一樣的培訓，也有平等的升遷機會。
四、為來自不同族群的員工提供合適的支持與協助，尤其是有生理障礙的員工。
五、無論員工來自哪個族群，絕對要具體落實同工同酬。
六、確保任何一個員工遭到解雇的原因只和工作表現有關，而不是因其個人背景。
七、如果公司規定員工可以放宗教假期，不得只針對某一特定宗教制定，而應一視同仁，讓所有宗教節日都納入假期。

所謂「知己知彼，百戰百勝」，上述內容雖是和規範雇主有關，但做為員工，先了解政府對雇主的要求與約束，就能更具體地掌握自己的權益。

平等人權委員會建議每位雇主在遵守以上原則的基礎下，同時制定符合組織文化的平等權利，前提是必須明文規定詳細的章程，員工才能有所適從，知道哪些行為在公司裡是不被接受的歧視行為，也能讓來自弱勢族群的員工更有安全感，在心理上更加認同公司。

如果不幸在工作場所遇到歧視甚至被霸凌，包括性騷擾、種族歧視等不公平待遇該如何自保？一般建議遵循以下三個步驟：

一、檢視：當霸凌的情況發生時，受害者請先冷靜檢視此霸凌行為是否已經違反了「平等權利」的任何一項規定，有時情況可能同時違反好幾項，或並未在「平等權利」定義的範圍內，但仍造成當事人不小的精神壓力，甚至生理上的傷害，請務必先釐清是哪一種。

二、記錄：為日後投訴與檢舉做準備，請詳細記下每一次霸凌發生的細節，內容包括：日期、時間、地點、詳細經過、目擊者、你當下的感受等。

三、報告：想解決霸凌的問題，理論上各公司都有其規定的程序，可以詢問人資或上公司內部網路搜尋「霸凌與騷擾規定（Bullying and Harassment Policy）」，如果公司沒有特別規定，通常是鼓勵受霸凌者自行嘗試和霸凌者溝通，然而現實中往往不是很容易付諸執行，若要尋求協助，一般申訴的途徑有以下三個：

（一）你的主管（如果霸凌者就是你的主管，可以找他的主管報告）

（二）人資部門

（三）工會代表

除了霸凌外，惡意解雇也是職場的另一項隱憂。請記住，如果雇主沒有充分的理由解雇你，譬如因未達到業績而解雇你，卻沒解雇同樣未達到業績的同事；或是雇主未遵循一定的程序就把你解雇，這就是惡意解雇。一般來說，如果雇主想解雇你，必須遵循「紀律程序（disciplinary procedures）」，每間公司可以制定自己的紀律程序，但法律規定至少須包含以下四個步驟：

一、書面通知：雇主以書面解釋對你執行紀律程序的原因。

二、紀律會議：雇主必須組織會議，向你解釋他們認為需要解雇的原因，你可以利用這個機會提問或反駁。如果有加入工會，可以要求工會代表和你一起參加會議，工會代表通常具有豐富的法律知識，能保障你的基本權益。如果你沒有加入工會，可以要求一個同事列席，一方面當證人，一方面做會議記錄。

三、裁決：雇主在會議後做出決定，包括：

（一）不處分

（二）口頭警告

（三）書面警告

（四）最後警告

（五）降職

（六）解雇

四、上訴：雇主通知你裁決結果時，有義務告知若對裁決結果不滿意，有提出上訴的權利，也就是所謂的「上訴程序（appeals process）」，過程和「紀律程序」雷同。

如果「上訴程序」的裁決結果還是解雇，員工可以選擇最後一步，也就是對雇主向「行業糾紛法庭（Industrial Tribunal）」提出告訴。請注意，若雇主沒有遵循以上四個基本程序，而你在這間公司的工作時間超過一年，可以提出「不公平解雇（unfair dismissal）」的告訴。

以上詳細介紹了英國職場的平等權利提供參考，以及如果不幸被同事歧視時該採取哪些自保的步驟。本文雖然是聚焦於英國職場，但工作的平等權利在世界上多數國家都是熱門議題，也是大部分正規公司十分關注的核心價值，即使英國法規內容和其他歐美國家不盡相同，但大原則是一樣的，建議有心往歐美職場發展，或是剛在歐美展開國際職涯的讀者，不妨將這篇文章當作入門介紹，再好好研究你所處的職場當地對於平等權利的保障。

#跨文化職場中不可不知的「政治正確」

前面介紹了如果遇到種族歧視的處理方式，接下來討論好不容易通過了層層求職關卡得到了海外工作的offer，身為外國人，面對不熟悉的西方職場文化，有哪些應該特別注意的潛規則。

首先，我想談談最容易被人忽略的文化敏感性（cultural sensitivity），以及和它息息相關、歐美職場中你不可不知的「政治正確（Political Correctness, PC）」。

從幾年前我在BBC上看到一則與臺灣有關的新聞說起。新聞事件的主角是新竹一家理髮店的老闆，因使用了與納粹德國的十字標誌非常相似的符號做為招牌logo，而遭到廣大輿論的批評，包括德國在臺協會與臺北猶太中心等單位，都公開表示應該盡快移除該標誌，原本一度堅持不肯換招牌的老闆，最終在輿論壓力下，將受到爭議的招牌撤下。

當下映入腦海裡的相關記憶是多年前我和當時還是男朋友的讀者先生一起去墾丁旅遊，他看到墾丁大街上販賣紀念品的小店裡，竟然有賣納粹標誌的徽章時，露出一臉不可置信的樣子。那時我雖然知道納粹人屠殺猶太人的歷史、不清楚廠商生產納粹徽章的目的，也不確定誰會想買這個具有負面意義的玩意兒，但仍然無法對讀者先生強烈的反應完全理解，心想：有必要這麼驚訝嗎？

在英國生活多年後，當我看到BBC那則新聞時，心情就像當年的讀者先生，除了震驚之外，找不到第二個形容詞。

這一瞬間，我突然意識到自己的蛻變——從十幾年前那個對歐美文化敏感性不足、覺得讀者先生有點大驚小怪的我，慢慢變成現在文化敏感性十足的我。在英國生活多年的生命經驗，教會我應該嚴肅看待這個課題。納粹主義對近代歐洲造成的歷史傷害，對整個歐洲來說，一直都是超級敏感的話題，不僅政治人物談論這段歷史，或是發表有關的言論時必須特別小心，避免踩到「反猶太主義（Antisemitism）」的紅線，一般稍有常識的人提到這段歷史時，也會特別留意自己的措詞。

歐洲有許多人的父親、祖父，或者曾祖父都曾被迫走上戰場、對抗納粹德國，有人犧牲了生命，有人受到了重傷，即便平安從戰場上歸來，這段經歷對他們來說，仍是非常慘痛的記憶；而對猶太人本身的衝擊更不用提了，納粹對他們的傷害不管過了幾個世代都不可能減輕。

在歐洲，「納粹」這個名詞可說是最具高度敏感性的字眼。不要說用納粹符號當作店家 logo 了，任何和納粹沾上邊的元素，業者絕對避之唯恐不及。曾經叱吒風雲的英國鬼才服裝設計師約翰・加利亞諾（John Galliano），二〇一一年因喝醉時被人拍下發表類似擁護希特勒的言論，不但立即被 Dior 開除，事業更是從此一蹶不振，就是例證之一。

不僅如此，這股對待納粹議題小心翼翼的社會氣氛，還擴大到對「反猶太主義」的徹底反對，最經典的例子是英國工黨領袖柯爾賓（Jeremy Corbyn）——他遭人質疑支持「反猶太主義」，政治生涯出現有史以來最大的危機，聲望跌到谷底。

對於亞洲人來說，納粹主義造成的悲劇因物理空間較遠的關係，心理上的感覺也比較遙遠，我們對這段歷史的熟悉度遠不如歐美人士，社會整體對於這個議題的敏感度也比較低，但在全球化程度愈來愈高、國界疆域已成地球村的現今，即使我們不住在歐美國家，但只要和歐美人士有交流的機會，一定要提高自己對不同國家或區域文化的敏感性，尤其是跨國企業工作者和來自歐美的同事、客戶合作時，千萬不要因缺乏文化敏感性，犯下所謂「無知的歧視（ignorant discrimination）」，而誤踩了對方的紅線，否則丟掉客戶還算小 case，搞不好連工作都可能因此不保。

培養文化敏感性正是確保在跨文化職場中，你不會無心犯了違反「政治正確」的錯誤。前篇文章談到「平等權利」的九項指標：年齡、性別、種族、肢體障礙、懷孕與否、婚姻狀況、性取向、性別認同、宗教背景等，已成為英國職場中最重要的「政治正確」，甚至有漸漸被「無限上綱」的趨勢，而不在乎這種「政治正確潛規則」的下場，小則被懲戒或警告，大則丟掉飯碗都時有所聞。

以下舉出兩個發生在英國學術界和政壇上，因沒有遵守政治正確原則而丟掉工作的實例，你就知道我絕對沒有誇大其詞。

英國前倫敦大學學院（University College London, UCL）教授、二〇〇一年諾貝爾生理學或醫學獎得主蒂姆・亨特（Tim Hunt）爵士因公開發表了一段關於女性科學家的評論，被女權團體和社會輿論認為有輕視女性之嫌，結果情勢愈演愈烈，更從網路延燒到主流媒體，最後蒂姆・亨特教授不但步上「被辭職」的命運，所屬學術機構也一一和他撇清關係。

到底蒂姆・亨特教授說了什麼？他二〇一五年八月六日於首爾舉辦的「世界科學記者論壇（World Conference of Science Journalists）」上發表了一段致辭：

"It's strange that such a chauvinist monster like me has been asked to speak to women scientists.

Let me tell you about my trouble with girls. Three things happen when they are in the lab: you fall in love with them, they fall in love with you, and when you criticise them they cry.

Perhaps we should make separate labs for boys and girls? Now, seriously, I'm impressed by the economic development of Korea. And women scientists played, without doubt an important role in it. Science needs women, and you should do science, despite all the obstacles, and despite monsters like me."

簡單地說，他整段演講內容其實是想讚美科學界的女性，並鼓勵更多女性加入科學界。但很遺憾的是，他的「英式幽默」用錯了地方，尤其是那段「Let me tell you about my trouble with girls」的玩笑話，犯了沒有遵守政治正確的大忌，最後直接終止了他的學術生涯。

在英國，不管你是德高望重的教授、諾貝爾獎得主，還是皇室冊封的爵士，沒有修好「政治正確」這門課，或是喜歡開這種危險的玩笑，你的職業生涯隨時有可能瞬間跌至谷底，甚至直接game over。

另一個例子是英國獨立黨（UKIP）前黨魁亨利・波頓（Henry Bolton），因其女友馬尼（Jo Marney）一番種族歧視的言論，不但一度被黨內同仁「逼分手」，最後更被逼退黨魁一職，任期不到五個月，政治生涯就此告終。

聽起來很冤枉嗎？明明不是他本人的發言，為何要為女友的言論負責？

在此有必要先了解一下波頓女友發言失當的「嚴重程度」：馬尼和朋友聊天時，

批評嫁給哈利王子（Prince Henry）的美國女星梅根・馬克爾（Meghan Markle）。她說擔心有一半黑人血統的梅根會「弄髒（taint）」英國皇室血統，並生下一個黑國王（black king）。

看到這裡，你可能對於在二十一世紀的今天，竟然還有人會對黑人發表這類歧視言論而感到不可思議嗎？馬尼接下來的話更會讓你跌破眼鏡！

根據《每日郵報》（Daily Mail）「爆料」指出，馬尼甚至說自己絕對不會和「黑鬼」（negro）發生性關係，「因為他們很醜、不是我的菜！」（OMG，我的下巴快掉到地上了，這女人是活在十五世紀嗎？）

馬尼的朋友當場回應說這樣是種族歧視，沒想到這位奇女子竟然回嘴說：「那又怎樣？我只是不想要其他種族和文化入侵我的文化，這不代表我恨其他的種族。」

此報導一出，不僅立刻延燒到國際新聞版面上，如《紐約時報》（The New York Times）、《華盛頓郵報》（The Washington Post）均發出抨擊，更讓早已給人種族歧視形象的英國獨立黨聲勢大跌，更加深一般民眾對該黨「白人優越主義（White Supermacy）」的印象，所以不只亨利・波頓個人的職業生涯從此畫下句點，整個黨的形象也受到負面影響，而整件事的起因就是來自身為公眾人物的馬尼輕忽種族歧視帶來的後果。

再舉個臺灣讀者更熟悉的名人例子：《哈利波特》作者J・K・羅琳二〇二〇年針對跨性別族群議題，在社群媒體上「逆風發文」，認為「有月經的人」才是女性，因此被貼上歧視跨性別者（transphobe）的標籤，不但在英國社會引起軒然大波，招致許多公眾人物，包括好萊塢巨星艾迪・瑞德曼（Eddie Redmayne）和艾瑪・華森（Emma Watson）等人的公開批評，堪稱英國名人中因「取消文化（cancel culture）*」而被抵制的最著名案例。

除了英國學界、政界和藝文界的名人因犯了政治正確的錯而遭殃，美國蘋果電腦公司（Apple）採購部門副總裁湯尼・布萊文斯（Tony Blevins）也在二〇二二年因接受TikTok網紅訪問時的不當發言嚴重歧視女性，遭到被公司革職的命運。外界對這樣的結果一點都不意外，在最講究平等與開放的矽谷一線科技公司，出現這種違反政治正確的言論，絕對被視為職場的超級大禁忌，不論你是高階主管還是資深元老，下場一律是被炒魷魚，連副總裁也不例外。

事實上，不只是名人需要小心，一般新世代白領上班族也要非常有自覺，以我自己為例，在行銷公司工作時，時常會接觸到跨國企業的案子，這類全球性行銷案內容對於「政治正確」更為講究。

譬如我曾經手一部企業傳播影片，由於客戶是擁有超過一萬四千名、來自多達八十五個不同國家員工的大型跨國公司，影片裡的「種族與性別」政治正確，便顯得格外重要。客戶不斷提醒：只要提到員工的部分，一定要有男有女，而且必須是一比一的比例。種族部分也一樣，各種膚色至少都要有一個代表。

聽完客戶的簡介後，我的英國同事寫了一封email給動畫師交代視覺部分的細節，卻在一個地方卡住了，他找我商量該如何措辭才不會有種族歧視的成分。原來只是單純想表達這個分鏡裡應該要有兩個黑人、一個白人，卻擔心直接寫「two black people」會有輕蔑黑人的可能性。我們討論了半天，最後決定還是用「black people」來形容黑人角色，因為不管是用「African looking people」或「darker skin people」

＊二〇二〇年七月開始在全球流行的名詞，指公眾人物的言論或行為遭到各種抵制，導致工作機會、商業代言、網路影響力、個人公信力等都「被取消」。

people」都有種愈描愈黑的意味，而且還不夠精確，因為就是要動畫師畫兩個「喔郎」嘛！

聽起來很荒唐嗎？但的確就是英國職場上，你不得不注意的「政治正確」，如果文化敏感性不夠，很有可能在無意中使用了違反政治正確的話語而引起嚴重的後果。

政治正確的潛規則不只存在於學術界，足球場上的球員因歧視黑人球員而遭到禁賽處分，早已不是新聞。難怪有英國人打趣地說：如今「black」在英國已經變成最嚴重的髒話，因為它似乎是保證會讓你惹上麻煩的字眼。

「政治正確」是一個國家民主素質發展到一定程度後的必然結果。它的初衷是保護相對弱勢的族群，但語言本身是中性的，社會文化與歷史脈絡才是促成某些字產生歧視意味的原因。

譬如，我們不應該使用「negro」（原意為黑人，後指涉為黑奴）這個字，是因為它和奴隸制度有著直接的連結——它是個被不當社會制度、文化汙名化的名詞，而非這個字的原始意義就是負面的，因此應該糾正的是人們的觀念，而不見得是那個字本身。然而在政治正確當道的今日，非但「negro」是被禁用的，連與黑人有關的詞彙如「black」，在某種語境下也可能被歸類為不夠政治正確。

何謂符合「政治正確」的用語，這個原則又該上綱到什麼程度，這些討論在英國持續進行。如果你想在國際職場工作，和來自歐美國家的團隊合作，為了避免被其他同事「客訴」，甚至毀了自己的大好前程，請務必多留心這些無所不在「政治正確」，培養文化敏感度、理解西方職場中的「政治正確潛規則」，絕對是跨文化工作者的必修課。

#盤點世界級人才必備能力

——專訪國際獵頭顧問艾倫・麥克沃爾（Alan McIvor）

前面提到不可不知的跨文化職場生存術，你或許會好奇，到底具備哪些能力與特質的人，比較容易被外商企業或跨國公司看中，並能在入職後快速融入國外職場？這篇文章透過專訪我的好朋友——臺灣最成功的英籍獵頭顧問艾倫・麥克沃爾，來幫大家總結所謂的世界級人才到底需要哪些專業知識和技能。

Alan從二〇一三年開始擔任獵頭工作，二〇一九年被美商保萊德（Paul Wright）獵頭集團挖角，開始在臺灣幫國際知名的外商公司獵才，他絕對是我眼中最成功的國際獵頭之一，怎麼說呢？用現實的指標——傭金來看就非常有說服力，Alan曾幫一間跨國企業招募萬中選一的高階主管，拿下目前職業生涯中最高報酬的專案，光是個人的傭金就高達五萬二千美元（約新臺幣一百四十五萬元），而單一職位傭金三萬五千美元（約新臺幣一百萬元）的案子，他至少拿過三次，這些數字不僅等於收入，也代表客戶對他專業能力的肯定。

此外，Alan媒合客戶職缺與求職者的能力也是業界首屈一指，這歸功於他多年不曾間斷「每天主動認識一個人」的自律，以及對獵頭這個行業投注大量時間與熱忱，為自己建立了龐大的人才資料庫與口袋名單，譬如他在LinkedIn上有二萬五千多個聯絡人，其中絕大多數的人都有親自發訊息或聊過，難怪能多次成功拿下這些大案子，為知名外企找到理想人才。

Alan 以自身觀察臺灣勞動市場多年的經驗，從專業獵頭的角度分析指出，除個別專業能力因人而異之外，大部分臺灣人都有很好的「素養」：如工作認真、勤奮努力、為人誠懇善良、個性不卑不亢。對國際企業來說，是非常好的團隊夥伴（team player）。這些特質不但是臺灣本地公司的最愛，在外商界也是有目共睹的優勢，無論是大規模的跨國公司，或剛起步的新創產業都非常歡迎具備這些素質的臺灣人才。

早已具備這些優勢的臺灣人才，如果想增加國際職場競爭力，在跨國企業或外商公司擁有一席之地，甚至出國到歐美當地發展職涯，Alan 建議可以積極培養以下十二項必備能力：

一、加強英文能力，提高英文水準

這點絕對毋庸置疑，在沒有其他語言取代英語成為世界主要溝通語言之前，英文是目前國際職場通用的語言，從「工欲善其事，必先利其器」的角度來看，如果想發展國際職涯，鍛鍊好英文這項溝通工具，絕對是重要的關鍵能力之一。事實上，英語能力不但在跨國職場扮演關鍵角色，連臺灣本地公司也非常看重這項能力，尤其是規模較大的企業，在招募階段舉辦英文測驗已是司空見慣的常態。

二、建立國際視野（international outlook），培養文化觀察力與文化同理心

不論是在外商公司工作或出國發展，都註定要和來自不同文化背景的人共事，因此理解不同文化間的差異，並包容各種不一樣的聲音，成為發展國際職涯時重要的「軟實力」。基於這個理由，通常有所謂的國際經驗者會比較吃香，在專業知識、技能同樣優秀的前提下，在國外生活過一段時間的求職者，可能比一直住在臺灣的求職者多了幾分競爭優勢，因為這段經驗能為他帶來在外國生活或求學才有較長時間觀察及建立的國際視野。以前篇提到的「政治正確」為例，在歐美生活或工作過的人在職場中落實「政治正確」，尊重多元族群，幾乎是常識也是共識，但對缺乏相關環境經驗的人來說，則可能比較陌生。

是否具有國際視野是 Alan 幫客戶篩選人才的第一道關卡，如果他和求職者對談時，發現對方仍習慣「用單一標準／觀點看世界」，或「只關心自己身邊的事」，通常不太可能推薦這樣的人選給跨國外商客戶。他建議想發展國際職涯的讀者朋友，

可以從「建立真正的國際觀」做起，也就是真正關心世界正在發生什麼事、背後可能代表著什麼趨勢，並能以開放的心胸與態度從不同角度換位思考，而非只是選擇性地用單一角度詮釋新聞，或只關心某個領域的資訊。

三、EQ比IQ重要，培養察言觀色的能力

想成為世界級人才在國際職場發光發熱，你必須準備好和來自世界各地不同文化的人一起工作，在這樣的前提下，是否具有高ＥＱ、是否擅長與人合作、是否懂得看大局等，就成了非常重要的必備能力，這些能力大部分時候甚至比你是否夠聰明還重要，畢竟如果要讓外商雇主從「ＩＱ一百八的白目討厭鬼」和「ＩＱ一般、但ＥＱ超高的團隊夥伴」二選一，應該沒有人會選前者。

Alan 特別強調「讀人（read people）」的能力，也就是中文的「察言觀色」，具備這種能力讓你在國際職場上比較容易一帆風順，表示你懂得何時要說對的話、問對的問題，並讓主管對你留下好的印象；反過來說，也能讓你知道何時需要閉嘴，話不投機半句多時，沉默真的是金，多話反而讓你掉漆。

Alan 建議想培養這種能力的人可以從兩方面著手，一是多用心觀察細節，無論是平常對談的內容，或是能透露更多訊息的肢體語言，都是你多觀察的重點；二是保持好奇心，多問問題是能夠最快讀懂一個人的方法，但一定要問對的問題，如果不確定即將要問的問題是否恰當，建議深入觀察後再說出口。

如果略懂一點心理學，應該知道所謂的「五大性格特質（The big five personality traits）」，包括「外向性（extraversion）」、「親和性（agreeableness）」、「開放性（openness）」、「盡責性（conscientiousness）」和「情緒不穩定性（neuroticism）」，而具備讀人能力表示你可以大概了解同事屬於哪種個性，進而用合適的方式和他們溝通，做向上或向下的管理，國際職場講究高效率的團隊合作，若能與來自不同文化、個性迥異的團隊成員合作無間，絕對能為你的職涯加分。

四、打造獨特的個人魅力

外商公司最大的特色就是比臺灣本地公司更注重個人魅力，指的是那些履歷上看不到的隱藏版特質，它們雖然不是職務描述中要求的技能，卻會非常真實地影響到工作的氛圍，甚至成為互動是否融洽的指標。Alan 舉例說明，如果兩位面試者都符合某項工作的職務要求，通常勝出的關鍵就在於那些ＣＶ*裡沒有提到的軟實力，譬如你是否具有多樣嗜好、喜歡運動或參加藝文活動；你的個性是否隨和討喜、是否具有幽默感；你是否在工作餘暇有發展第二專長的習慣、這項斜槓副業還經營得有聲有色。Alan 認為這些對於打造獨特的個人魅力很有幫助，而這些特質在外商公司或外籍主管的眼中，都是會加分的亮點。用行銷術語來看，就是如何打造自己的個人品牌。

Alan 特別強調打造個人魅力，讓自己變得受人歡迎，其實比加強任何專業技能來得困難許多，你必須花非常多時間認識自己，下許多功夫去反省自己，才能在了解自己的過程中漸漸發展出獨特的魅力，它雖然是一種軟實力，卻比任何和專業知識、技能有關的硬實力更難培養。

---

*ＣＶ是 Curriculum Vitae 的縮寫。相較於「履歷（resume）」，ＣＶ是個人「成就經歷的概述」，可以詳列每項成就的具體內容，其中提到的經驗與技能最好與申請的工作或突顯多面向才能有所連結。

五、不要太謙虛，適度炫技展現自信心

只要在西方國家工作過的人大多會同意這一點。臺灣人從小受到的教育多半鼓勵謙虛，甚至會告誡我們「做人不要太高調」。東西方不同的文化或習慣雖非關好壞，卻導致臺灣人才和西方國家同事一起工作時，常常「吃悶虧」——明明工作能力很強，卻因「過度謙虛」而被老闆或主管忽略。

Alan 提醒有心發展國際職涯的臺灣朋友，工作中適時的「炫技」絕對是必要的，這是你提高職場能見度最直接的方式，也是展現自信最好的時機，只要自己有實力，千萬不要覺得害羞，或是擔心別人的眼光。不過，向雇主展現自信時，千萬不要太刻意或太過度，否則就不是自信而是自大了，總之過猶不及，箇中巧妙請拿捏好分寸。

六、經歷比學歷重要

無論是在國外企業找工作，還是在臺灣找外商公司的職缺，許多人會陷入一個迷思——簡歷裡有外國學歷比較容易求職成功，事實上卻不是如此。Alan 幫跨國公司徵才多年，他發現外商公司一般傾向招聘已有外商公司經驗的人，尤其如果之前

的工作單位是知名外商，而且你在那間公司表現優異，那麼恭喜你，國外企業或外商公司的人資會對你非常有興趣，因為這樣的經歷等於讓一間有名譽的跨國公司幫你的工作能力背書，是最有力的加持。

若你沒有直接在外商公司工作的經驗，但具有與國外客戶或廠商往來的經驗，尤其如果是和國外知名的公司合作，請在申請工作與面試時多強調這點，相信也能達到一定程度的加分作用。

我自己的經驗也符合 Alan 的說法，我雖然沒有英國的文憑，但有在英國從事行銷工作六年多的扎實經驗，才會被另一間規模更大的行銷公司高薪挖角。有屬性相同產業或企業的工作經驗，才是外商雇主最看重的經歷，很多情況下，漂亮的學歷只是錦上添花，反而不是最重要的條件，更不是得到工作的保證。

七、培養獨立思考的能力

Alan 剛到臺灣時發現，臺灣人和英國人有個非常大的文化差異，就是大部分的臺灣人在討論公共議題（尤其爭議性較高的話題）時，常因怕「傷感情」而選擇從眾，跟隨特定意見領袖的意見，或完全避而不談。他觀察後認為可能是臺灣人傾向把主張和個人連結在一起，即英語中所謂的「take it personal」，如果和別人討論時發現彼此理念不同，經常擔心連朋友也當不成了。

想在國際職場上發光發熱，這樣的心態很可能成為工作的絆腳石，歐美國家的社會風氣從小就鼓勵人們要發表意見，公開討論有爭議性的話題，對他們來說是家常便飯，加上歐美的教育從不鼓吹「標準答案」這套做法，每個人從小就學會尊重不同的觀點。**Alan** 因此建議讀者朋友要盡量培養獨立思考的能力，不要人云亦云，或害怕辯論，而且「有自己的想法」在國際職場裡的重要性，會隨著你的職位逐漸變高而愈發重要，因為漸漸累積了專業能力和資歷後，接下來能否繼續升遷的關鍵，往往取決於你是一個「thinker（提供想法的人）」，還是仍處在「doer（執行想法的人）」的階段。

八、加強彈性與適應力

無論是想進外商公司工作，或是想到海外企業謀職，跨文化職場意味著你必須和來自不同背景的人一起共事，因此世界級人才必須具備高度彈性（flexibility）與適應能力（adaptability），才能不斷調整自己以確保在各階段職涯中遊刃有餘。

為了加強自己的彈性與適應力，Alan 建議最好不要讓自己一直待在同一間公司任職，一般來說，一間公司待二到三年最為理想。履歷上如果出現在一間公司工作超過五年的經歷，在亞洲或許是被讚揚為忠誠度高的優點，但在歐美地區外商公司的人資眼裡，卻可能被視為缺乏彈性與適應力的「紅旗」，甚至會給人一種缺乏事業企圖心，或是太安於現狀，害怕踏出舒適圈的負面印象。

九、不斷學習的精神和態度

終生學習在歐美地區是非常流行的趨勢，大部分的歐美外商企業都會鼓勵員工每年進行培訓計畫，並出錢補助和工作相關課程的人才進修，無論有多少年資歷的員工都一視同仁。他們相信科技發展隨時快速變遷，時代需求也不斷調整變化，只有透過持續學習，員工才能永遠保持在最佳狀態，因此不斷學習的精神和態度，絕對是歐美外商企業非常看重的一點。除了表達自己具有學習的積極性之外，持續學習的狀態更能展現你的確樂於吸收新知識與新技能。

Alan 建議不妨在簡歷或 LinkedIn 檔案加上參加過的線上和實體課程、得到的證書，以及近期內參加的講座活動，面試時可向面試官特別強調這些學習的經驗與成果。他也建議大家將學習的態度應用在面試上，面試絕對是熟能生巧的一項技能，只要從每次面試中學到新的應對能力與回答技巧，就可以把這項功夫練得更扎實；因此鼓勵大家只要有面試機會都盡量去嘗試，如果參加面試的機會太少，導致缺乏實戰經驗，一旦遇到你心中的夢幻工作釋出職缺時，你的面試技巧大概已經因缺乏練習而「生鏽」了。

十、找到你的「不可取代力」

國際職場競爭激烈，擁有一項別人無法取代的祕密武器，不但是讓老闆決定錄取的關鍵原因；在組織精簡大行其道的今天，更可能是讓你保住工作的免死金牌。這項不可取代力沒有標準答案，完全視產業與公司需求而定，它可以是很少人具備的多國外語能力，譬如你精通三種以上的外語，讓公司在開發國際業務時少不了你；

也可以是無人能及的超級提案力，比如你主導的案子成功率比一般人高；或你是專案管理的第一把交椅，不但懂得使用多種軟體，還時時刻刻進修掌握最新軟體動態，只要提到專案管理，公司裡每個人第一個想到的請教對象都是你。

但請記住，千萬別讓你的「不可取代力」成為唯一一張王牌。譬如「不可取代力」是語文能力，除此之外，你的做事效率與專業度也要和其他同事一樣強，甚至更強，總之，要讓你的「不可取代力」建立在其他專業能力同樣足夠的基礎上，而不是只有一項超級能力，其他部分的才能都很平庸，甚至不及格。

十一、不怕挫折的韌性

無論是想進外商公司工作，或是想到國外企業求職，壓力通常比在臺灣本土企業的工作更大，因為太多人想擠進這道窄門，僧多粥少的情況下，競爭當然非常激烈，因此求職路上一定要具備不屈不撓的韌性，告訴自己無論遇到再大、再多的困難都是正常的，用平常心面對壓力與競爭，並從每次挫折中自我精進與優化，從錯誤中學會如何彌補缺點，讓這些挫敗的經驗變成進步的燃料。

從尋找國際工作機會到受邀參加面試，再到最後得到錄取通知，這是個非常漫長甚至是充滿煎熬的過程，千萬不要忽略心理建設的重要性，尤其是求職過程到了最後一關才被國外公司拒絕，往往感覺特別受傷，很不容易釋懷，從此失去鬥志也大有人在。Alan 提醒讀者最好的心態應該是不要過早樂觀，他用一句英文俗諺來形容：「不要在蛋尚未孵出前，就開始數自己有幾隻小雞（don't count your chickens before they hatch）。」意思就是還沒正式拿到錄取通知之前，一切都是未知數，不要過於興奮或抱持太多不切實際的想像。

十二、內在要顧，顏值也要顧

Alan 最後要再提醒大家：千萬不要認為只要有實力，就可以忽視外表。當然，這裡說的外表不是要求每個人去整型、瘦身，把好萊塢明星的外貌和身材當成目標，而是保持外表乾淨清爽、體面大方即可，該剪的頭髮要定期剪、鬍子要定時刮，不要誤以為不修邊幅就是酷，過度的濃妝豔抹也絕對要避免。在外表上下功夫除了能提升專業形象，自然也能讓人產生好感，畢竟人的天性就是偏好賞心悅目的人事物，不是嗎？

打理自己的外表也包括穿著合適的服裝，不可否認，一套好的西裝或套裝真的對你的專業度有立即加分的作用，雖然不需要天天穿得非常正式，但無論男女，衣櫃裡都應該準備一、兩套量身定做的合身西裝、套裝，或做工精細的襯衫與正式的裙裝，參加面試或出席重大會議時，它們絕對能派上用場，為你打造無懈可擊的專業形象。品味方面，除非你從事的是時尚產業，否則在面試或開會這種正式場合，最好還是選擇保守款服裝，太浮誇或色彩過於鮮豔的服飾還是留給參加 party 時就好。

以上十二點是專訪國際獵頭顧問 Alan 的精華，分享給有心成為國際級人才的你，祝大家在跨文化求職的路上一路順利。

Part 2

迎接遠距工作時代

第三章　遠距工作的美麗與哀愁

#遠距工作快問快答

——專訪遠距人力資源網經理克莉絲汀・歐恰（Christine Orchard）

Part 1 介紹了跨文化工作體質養成，以及在國際職場打滾需要注意的眉眉角角之後，現在正式進入 Part 2 迎接遠距工作時代。

遠距工作／居家工作已逐漸成為世界各國職場不可逆的工作趨勢，即使目前在臺灣還不算是主流工作型態，但以全世界的企業來說，允許遠距工作模式的雇主數量已超過不允許遠距工作模式的雇主。根據二〇一九年獲得「最熱門科技初創公司 NEVY 獎」的 Owl Labs 調查顯示，目前全世界只有四十四％的公司不允許任何形式的遠距工作模式，表示全球有五十六％的公司已接受遠距工作模式，其中更有十六％的公司採取百分之百完全遠距的工作模式。換句話說，四十％的公司選擇所謂的混合遠距工作模式，也就是公司雖然有實體辦公室，但允許員工可以在家工作。

為了讓讀者朋友們對遠距工作有更深入且全面的了解，我特別請教了遠距工作專家克莉絲汀・歐恰，她是遠距人力資源網站 arc.dev 的行銷主管，以下將訪談內容以問答形式原汁原味地呈現，讓大家能對這個職場新趨勢有個初步的認識。

問：遠距工作的定義是什麼？

答：遠距工作大概可分為以下三種類型：

一、**完全遠距：**通常指的是公司員工在完全或幾乎完全遠距的情況下，在自己的家裡工作。對這些員工來說，他們每天辦公的地方是一個固定的空間，譬如一間在家中的辦公室，或是一個固定用來辦公的角落。如果公司有實體辦公室，遠距工作的員工可以偶爾去公司辦公室工作，但不太可能有自己專屬的座位。

二、**遠距友善**（remote-friendly）：也稱為「可以遠距」的工作，指的是公司提供可以在家工作的權利給員工選擇，但每週可能有幾天必須進公司，或是召開實體會議時需要進公司開會。

三、混合型態工作：顧名思義，指的是混合到實體辦公室上班及在家工作兩種型態。至於需要進辦公室的時間比例則視公司規定，大致可分為兩大類：

（一）公司導向型：指的是員工一週有一到兩天可以在家工作。

（二）遠距導向型：指的是員工一般時間在家工作，但可以和雇主協調好某些時段去實體辦公室，或是某天在辦公室上班。

問：遠距工作的趨勢是從何時開始？

答：雖然在家工作這種形式從很久以前就存在，但它和目前定義的遠距工作不太一樣。直到網路發達的時代，遠距工作才正式成為一種上班的可能形式，而網路速度的突飛猛進，以及雲端科技的誕生，才真正讓遠距工作落實為一種普遍的職場現象。譬如 Dropbox 在二〇〇七年成立，我們可以說遠距工作差不多是那個時候真正開始，從此發展愈來愈蓬勃，到了二〇一三年，由美國 37signals 創辦人福萊德（Jason Fried）和漢森（David Heinemeier Hansson）聯合撰寫了《遠距工作模式：麥肯錫、

IBM、英特爾、eBay 都在用的職場工作術》（*Remote: Office Not Required*）一書，描述他們如何成功打造主要產品包括 Basecamp 的這間網路軟體公司，終於將遠距工作的趨勢推向高峰。

問：哪些行業適合遠距工作？

答：傳統上來說，包括機械、科技相關、設計、行銷或銷售類等知識型職業別比較適合遠距工作，但近年來有愈來愈多其他類型的工作者紛紛加入遠距友善的行列，像是心理諮詢、財務或法律顧問等職業，都開始吹起這股遠距的風氣。

如果從產業別來看，根據 Owl Labs 的調查，遠距工作者比例最高的三大產業分別是醫療保健服務（占十五％）、科技業（占十％）和金融業（占九％）。印度土地開發顧問公司 Pragati 的調查也顯示，遠距工作傾向集中在都會區高收入的白領職業，原因是辦公室工作較容易做數位轉型，而營收好的公司比較願意負擔數位轉型所需的軟硬體設備成本。

問：我們都知道遠距工作有許多好處，而我會在下一篇文章中仔細介紹，能否請你先分析遠距工作可能帶來的缺點，讓讀者朋友們可以事先打個預防針？

答：大致說來，遠距工作的缺點大致包括以下這些：

一、缺乏面對面的人際互動與社交機會。

二、可能產生寂寞感與疏離感，或導致員工缺乏向心力。

三、如果家中沒有特定的工作地點，可能造成上下班的界限變得模糊。

四、雇主更會利用科技監控員工。

五、員工在家工作必須自行吸收水電與網路等成本。

六、如果一個家庭內不止一個人在家工作，可能會有空間不足或互相干擾的問題。

以上這些缺點有些已有解決方案，我將在後面章節中一一介紹。

問：對雇主來說，該如何打造理想的遠距工作環境？

答：最重要的面向包括ＩＴ系統、財務（包括稅務規範等），以及相對應的人力資源系統。以下再細分為幾大重點：

一、確保每位員工都有適當的工具，包括適合工作的桌椅、電腦、耳機，以及最重要的——快速網路。

二、準備好配套的軟體，包括通訊軟體像 Slack 或 Microsoft Teams；線上會議軟體像 Zoom、Google Meet、Around；文件分享軟體以及專案管理軟體，後者尤其重要，因為它能確保每位員工都能精確掌握工作進度，一般較常使用的軟體有 Notion、Trello、Asana，或是後臺工程師常使用的 Github。

三、開始數位化所有資訊，讓員工可以透過雲端取得公司所有的檔案。我推薦使用 Google Workspace 和 Notion，因為方便使用，容量也很大。

問：身為遠距工作招聘經理，你覺得符合哪些條件的員工比較適合遠距工作？

答：首先，做為員工應該先確認這種工作模式真的是自己想要的。遠距工作模式不適用於所有人，尤其是習慣被上司緊盯著工作的員工，在遠距工作的情況下可能會適應不良。申請遠距工作職缺時，已有遠距工作經驗者通常比較吃香，因為他們具有能自我管理（self-management）的經驗，而這種能力可以證明他們不太需要監督（supervision）就能自我督促以順利完成任務。通常意味著這類型的工作者有強烈的 ownership*，是能為自己也為工作負責的當責者。

其次，遠距工作需要以大量書寫做為溝通的基礎，員工是否擅長以文字和團隊溝通，就成為雇主最看重的能力之一。通常從招聘過程中的筆試就能看出應徵者是否具備這種能力，建議想找遠距工作的讀者朋友不妨多加強自己的文字溝通能力。

此外，雇主也會考慮成為遠距工作者的員工是否有良好的支持系統（support system），遠距工作最大的問題就是寂寞與孤立，因此雇主會想知道員工在家是否有人可以在他需要幫助時提供支持，無論是生理或心理上的支持。

其他需要考慮的能力與人格特質包括：

一、知道何時應該主動和主管、團隊溝通。

二、建立自己工作時間表的能力。

三、確保上下班有明確界限的能力。

四、堅守工作的基本原則。無論是遠距工作還是傳統模式工作，最基本也最重要的，還是理解自己的角色與責任，並專注在如何達成公司期待的結果。

問：遠距工作的未來發展為何？

答：美國矽谷傳奇投資人馬克・安德里森（Marc Andreessen）曾公開表示遠距工作已在根本上改變了世界，他將這個現象稱為「永久的文明轉折（permanent civilizational shift）」，宣稱遠距工作不但比網路的發明更重要，還是他有生之年親眼目睹最重要的改變。

根據專門聚焦遠距工作模式與彈性工時的研究型顧問公司「全球職場分析組織（Global Workplace Analytics）」的統計，從二〇〇九年到二〇二二年，遠距工作者的成長幅度高達一百五十九％，大型科技公司像 Dropbox、Facebook 等早已陸續宣布，遠距工作模式將成為永久的常態，而不只是疫情下的產物。知名全球人才媒合公司 Upwork 更預測到二〇二八年，全世界將有七十三％的組織機構將轉型成為遠

＊ ownership 字面意思是「所有權」，而工作上的所有權就是充分掌握負責的工作內容，具有做出決策的權力，同時也能主動出擊解決其他潛在問題，與「負責任」的概念有點類似。

距工作型態。

而 GitLab 平臺*的《遠距工作報告》（*The Remote Work Report 2021*）也顯示，五十二%的企業員工表示會為了在家工作而離開維持傳統工作型態的公司，轉而為遠距工作的公司服務。這個現象說明了如果雇主要留住人才，就必須考慮允許遠距工作的可能性，因為除了薪資或福利等條件之外，員工考慮加入一間公司的指標還新增了是否能遠距工作的選項。這些事實告訴我們，遠距工作的未來勢不可擋，無論你是老闆或員工，都應該做好準備。

問：是否可以建議讀者朋友該從哪些網站來尋找遠距工作的機會？

答：以下提供八個以遠距工作為訴求的全球人力資源網站：

一、arc.dev：這是我服務的公司，我們將主力放在資深 Developer 職缺，協助新創或快速發展的科技公司找到合適人選，與其說這是個遠距 Developer 的求職網站，不如說這是個將全世界遠距 Developer 串聯起來的平臺。

二、We Work Remotely：全球最大的遠距人力資源網站之一，每月有超過十三萬用戶，由於職缺豐富，是我最推薦的遠距工作求職網站。

三、**AngelList**：全球最知名的遠距工作人力資源網站之一，包括 **Facebook**、**Uber**、**Tinder**、**Medium**、**Coinbase** 與 **Crunchbase** 等國際企業都使用這個平臺招募員工。

四、**Remotive**：知名的遠距工作人力資源網站，新創公司的最愛，客戶包括 **Buffer**、**InVision**、**GitHub** 和 **Zapier** 等科技公司。

五、**Jobspresso**：聚焦在科技、行銷和客戶服務等領域。

六、**Pangian**：提供多間包括 **Amazon** 在內的知名跨國企業遠距工作機會。

七、**FlexJobs**：針對遠距模式與彈性工時工作成立的求職網站（需付費）。

八、**Outsourcely**：串聯超過一百八十個國家的遠距工作者平臺。

＊由 GitLab 公司開發、基於 Git 的整合軟體開發平臺。

此外，再提供三個聚焦在臺灣的臉書遠距工作社團供大家參考，對遠距工作有興趣的讀者朋友可以加入：

一、**遠距工作者在臺灣**（work remotely in Taiwan）：全臺灣最大的遠距工作者社團，目前約有一萬四千位成員。該社團的宗旨是討論所有和 WFH 有關的議題，並分享遠距工作的經驗談以及看法，希望透過這種方式在臺灣推廣遠距工作的風氣，讓求職者能在喜歡的地方工作，雇主也能不受疆域的限制，找到最適合的員工，讓彼此用更有效率的方式工作，同時也為企業組織與個人生活帶入更多活力與彈性。

二、**FTIT 外商、新創求職工作版**：這個社團目前約有三萬八千位成員，雖然不限定只分享遠距工作的職缺，但社團規定只能分享月薪三萬元以上的外商工作與新創公司的工作，當中有許多是遠距工作，適合對外商或新創公司有興趣的遠距工作求職者。

三、**Remote Taiwan 遠距工作／遠程工作／遠端工作／數位遊牧**／Work From Home（WFH）：由遠距團隊管理公司 Slasify 的夥伴所經營的臉書社團，目前有二萬名成員，提供許多遠距工作職缺與相關經驗分享，並開放各種遠距工作相關問題的討論。

以上訪問內容除了希望能幫助大家更了解遠距工作這個職場新趨勢，也提供一些線上資源，協助想成為遠距工作者的讀者朋友開始求職的第一步，祝各位都能心想事成地加入 WFH 的大家庭。

#遠距工作魅力無窮？

——盤點 WFH 十大優點

自從二〇二一年八月轉職到現在的公司，正式成為百分之百的遠距工作者之後，我發現遠距工作不但是世界職場的趨勢，也是人類文明進步的一大指標，它代表以往雇主要把所有的員工放在同一個空間，親眼見到每位員工輸出勞力的時代已經過去了。遠距工作模式下的現代優秀員工得到更多彈性而提高工作效能，老闆也因信任而得到高品質的自律員工，勞資雙贏皆大歡喜。

至於實體辦公室是否還有存在的必要，這個大哉問目前答案還很分歧，包括

Google、蘋果等不少知名企業堅持到了後疫情時代，員工應該逐漸回歸到疫情前的工作模式，卻引來員工的強烈反彈，甚至部分員工直接被提供遠距工作模式的競爭對手挖角，造成歐美社會出現所謂的大離職潮（Great Resignation）。

到底遠距工作的好處有哪些，讓大部分的員工「一試過就回不去」呢？以下盤點五項讓員工無法抗拒、我個人最有感的好處：

一、更容易兼顧生活與工作

相信只要曾有遠距工作經驗的人一定都會同意，這樣的工作型態帶來工作與生活平衡的絕佳優點，更有彈性的工作方式讓員工可以輕鬆兼顧工作與家庭，兩全程度絕對是其他工作模式無法取代的。譬如家裡正在進行裝修工程，或有需要修繕的問題，就不必擔心沒人在家無法讓工人進來施工的問題。對有小孩的人來說，在家工作配合彈性工時的工作模式，更是父母的最大福音（沒有之一），譬如我的老闆同意讓我每天早上和下午的上下學時段去接送正在上小學的兒子，以往必須花錢請保姆接送（英國小學的上學時間是早上八點四十五分，放學時間是下午三點十五分，傳統上班族父母不太可能親自接送）；偶爾幼稚園打電話來說我兩歲多的女兒身體不舒服，也能馬上去接她回家或帶她去就診。

這些看似平凡的小便利，背後代表著革命性改變，它大大改善了員工的生活品質，讓員工有更高的自由度在兼顧生活、家庭與工作之間取得平衡。根據Owl Labs的調查，遠距工作對員工最具有吸引力的各項好處中，這點榮登冠軍寶座，而且蟬聯多年。新冠疫情在二〇二〇年初開始到目前世界各國陸續進入後疫情時代為止，它始終是多數人選擇成為遠距工作者的最主要原因。對於講究自由與彈性的千禧世代來說，甚至有六十九%的人表示願意用放棄某些福利的方式來換取在家工作的自由。

二、省去通勤時間，一天彷彿有二十五小時

我承認一天有二十五小時的說法太浮誇了，但遠距工作能省下的時間實在太多了，尤其是不用通勤可避免被塞在車陣中虛耗時間，還能在高油價時代省下不少加油錢，零通勤的工作因此成為人見人愛的優先選擇。

不用通勤還能減少一連串為了出門而做的準備工作，譬如著裝完整（大家還記

得前面提到經典的 WFH look 就是上身穿正式服裝，下身穿短褲或睡褲吧），確保隨身攜帶了當天所需的所有資料或物品，以及確認搭乘交通工具的班次時間等細節，這些小事全部加在一起要花上不少時間，尤其早上起床到出門這段分秒必爭的時間，如果能省去這些準備工作，勢必身心上都會感受到早晨時光的從容。

根據最近回到辦公室的我們公司同事形容，突然需要多做這些準備動作，讓他們必須調整早上的時間安排，也要重新適應這種生活節奏，而這些無形的時間成本全部需要被計算進去。

我自己 WFH 一年多的體會，發現自從不用通勤後，「Monday blue」不見了，省去了那些讓人光想就提不起勁的早晨準備工作，以及塞在車陣中的苦悶（週一早上的交通狀況往往是每個星期中最糟糕的一天），在家工作週一和週末的步調基本上沒有太大差別，自然也不會有那種「從天堂掉到地獄」的強烈感受。

三、對工作進度有更高效率的掌控

遠距工作還有一項最美妙的優點，就是員工幾乎可以心無旁騖地自行決定每日的工作進度，包括「何時做」以及「如何做」，完全能夠做自己時間的主人。而員工能掌握工作時程表，在安排工作時能有更多彈性與主導權，按照自己的步調規劃工作順序與時間點，不用拘泥於傳統辦公模式的庶務處理，或遷就其他團隊成員的時間。比傳統上班模式更能提高工作效率。

事實上，根據雲端服務供應商 CoSo Cloud 的調查，有七成七的員工表示在家工作的效能更高，能完成更多工作。當然，這和員工的個性、能力，以及工作習性有關，能自我管理、本身有自制力和當責感的人，才能真正在遠距工作時增進效率，他們不需要主管提醒，就能督促自己在 deadline 之前完成任務，而時時刻刻需要主管盯進度的人則不適用這一套。

四、更容易專注，生產力更高

我的第一本書《大不列顛小怪癖》曾提到在前公司上班時，辦公室同仁會輪流幫其他同事泡茶或準備飲品的 tea round 文化，是英國非常重要的社交活動，每每走到茶水間就能和同事聊上幾句，短則是五分鐘內可以講完的 small talk，如果遇到有人開啟了驚為天人的話題，原本只用來泡茶的短短幾分鐘，極有可能演變成半小時的談話性節目，直到總經理出面要大家回座位才會結束。

現在回想起來，那些茶水間的閒聊雖然是同事建立情誼的基礎，但也必須承認，它絕對是專注力的殺手，尤其是工作忙到七竅生煙時，最希望的莫過於其他同事能保持安靜，讓人專心地完成手上的緊急工作。

的確，在傳統的辦公室上班模式下，員工比較容易被其他同事干擾，專注力或生產力都不如在家工作來得高，這點也得到數據的支持，根據遠距工作求職平臺 **FlexJobs** 二〇二〇年底做的一項調查，居家工作的員工工作產出率和辦公室工作相比，可以維持相同（六十七％）或更高（二十七％）。而有七十五％的員工表示在家工作能減少分心的機會，在不被打擾的前提下，能持續維持專注力，生產力自然大大提高。

五、提供實質上的經濟效益

二〇二一年成為遠距工作者之後，我辭退了原本每天接送兒子小龍包上下學的保姆，一年省下超過二千英鎊的保姆費，再加上不需要開車去公司上班，一年又省下三千英鎊的油錢，簡單一算，整年就省下至少五千英鎊的開銷，無形中算變相加薪了。

伙食費也省下不少，雖然以前進辦公室時，午餐大多是自己帶便當，但偶爾還是會和同事在午休時去 Pub 或咖啡廳吃個商業午餐；自從在家工作後，這種交際應酬的錢全省下來了，難怪美國知名科技業人力資源網站 TECLA 的調查顯示，遠距工作者每年平均能省下約七千美元（約新臺幣二十二萬元）的支出，主要來自交通、育兒與伙食費的開銷。

零通勤時代也意味著求職者找工作時，不需要考慮地理因素的限制，你可以在臺灣為跨國企業工作，領著相對優渥的薪資報酬；或是和我一樣住在房價是倫敦二分之一的英國鄉間，透過網路為總部位於倫敦的大公司服務，即使偶爾需要進公司辦公室，省下的買房錢還是遠比交通費多太多，怎能不讓人心動！

基於以上林林總總的遠距工作優點，愈來愈多求職者已經將「是否能在家工作」列為求職的必要條件，根據全球人力資源網站 Indeed 統計，從二〇二〇年二月起，針對「遠距工作」的搜尋量暴增五倍以上，而招聘廣告中提到「遠距工作」的職位也增加了一・八倍；同時表示疫情改變了人們對工作的看法，讓更多人開始思考及選擇適合自己生活方式的工作。英國知名人力資源網站 Totaljobs 也指出，疫情後求職者對遠距工作職位的需求量暴增，雇主應該重視這個改變的趨勢，刊登招聘廣告時，可考慮將「遠距工作」與「彈性工時」放進徵才條件中，以增加求職者對該職位的興趣。

除了為員工帶來以上優點之外，遠距工作其實對雇主來說也是好處多多，以下大致歸納為五大優點：

一、省下龐大的營運開銷

經濟上的效益不只發生在員工身上，遠距工作模式對雇主來說也不失為省錢的妙招，光是龐大的辦公室房租開銷，加上水電和網路等成本，就是一筆非常可觀的費用，比如英國從二〇二二年四月起電費翻漲兩倍，冬天氣溫又是冷到無法不開暖氣的冰箱國度，遠距工作儼然成為雇主節省營運成本的最佳良方。

根據全球職場分析組織的調查顯示，即使不是完全遠距，只要員工有一半時間在家工作，每位員工平均能為公司省下一年約三千美元（約新臺幣九萬五千元）的水電與房租費用。此外，其統計也顯示，在家工作的員工比較少請病假，每年平均能為公司省下一千一百美元（約新臺幣三萬五千元）的人事成本。這點我特別有感，成為遠距工作者的一年多裡，真的沒有請過病假，雖然有一天我覺得身體微恙，但心想既然不用出門工作，房間又在隔壁，我直接向主管說明當天可能會需要躺著休息，等精神恢復後會自動處理待辦事項，因此那天沒有請病假，沒有請同事代班，也完全沒有影響到工作進度。

二、尋找到真正優秀的人才

這點真的不是因為我自己是遠距工作者而老王賣瓜，根據全球最大服務式辦公室和虛擬辦公室供應商雷格斯（Regus, IWG）的調查報告指出，六十四%的雇主認為提供遠距工作模式的選項讓他們更能吸引到高品質的人才（high-quality talent）。原因和遠距工作意味著微觀管理（micromanagement）的終點有關，遠距工作的設定是必須信任團隊，放手讓員工用自己的方式工作，解決自己的問題，更重要的是，雇主要開始學會用工作表現來衡量績效，而非是否看到員工在他們的位置上工作來評定績效。這個革命性管理方式對產能高的員工來說，無疑是最理想的工作狀態，也是為何許多專家分析遠距工作能吸引真正優秀人才的立論基礎。

此外，遠距工作模式也意味著雇主可以真正地打破疆界的隔閡，從全球人力資源庫中找到最優秀的人才，而不必像傳統上班模式那樣，將徵才範圍縮小到公司通勤距離內的地區。當然，跨國遠距徵才有一些技術性問題需要克服，譬如必須符合員工所在國家的稅法規定等，但這些需求的配套服務早已應運而生，對真正求才若渴的國際大公司來說，根本不是需要顧慮的問題。

三、提高員工的忠誠度

一般人認為遠距工作的團隊成員因不常在現實生活中見面，比較難建立向心力，對公司也難培養認同感，可能造成流動率較高的傾向。但事實證明結果正好相反，根據 Owl Labs 的調查，七十四％的員工表示在允許遠距工作的企業上班，比較不會考慮離職。而史丹佛大學的研究也指出，企業允許員工在家工作後，離職率大幅降低五十％；離職率降低代表公司需要花在招聘補人的成本跟著降低，全球職場分析組織將這筆省下來的人事成本換算成實際數字，發現每個員工每年可以為公司節省七百五十美元（約新臺幣二萬四千元）的費用。

四、為公司增加產能

每個老闆最夢寐以求的，就是看到員工能提高產值，幫公司創造更多利潤，而遠距工作模式因前述幾項好處，能讓員工更易於專注，工作更有效率，進而達到提高生產力的目標，能幫公司創造更多獲利。全球職場分析組織指出，遠距工作者因WFH提升生產力而幫公司多賺取的利潤，平均每人每年高達五千七百五十美元（約新臺幣十八萬二千元）。現實生活中因轉型成遠距工作模式，公司快速成長的例子比比皆是，我服務的公司在疫情期間從原本四十多名員工成長到目前的八十多人，而且還不斷成長中，業績成長已達一・四倍，相關統計數據不是寫出來的漂亮數字而已，而是和真實世界的發展完全吻合。

遠距工作者比傳統上班族更有產能，幫公司賺到更多錢的結果，就是遠距工作者的薪資自然比較高，根據 FlexJobs 統計，一般遠距工作者的年薪大約比傳統工作者的年薪高了四千美元（約新臺幣十二萬六千元），當然，造成這個結果的原因和遠距工作的職務大多集中在高階白領的知識型工作也脫不了關係。

最後一個優點不只對員工和雇主都有益，對整體人類來說更是大確幸，那就是在家工作不用通勤，能大幅減少使用交通運輸工具的機會，對降低碳足跡、減少空氣汙染有很大幫助，對地球更友善。

以上的統計數據和分析顯示，遠距工作在歐美國家職場的確已成為不可逆的趨勢，而對目前正在看這本的讀者朋友來說，跨國遠距工作的機會更為求職者開啟了另一條通往國際職涯的道路，讓有心將觸角延伸到世界舞臺的人才，可以透過無遠弗屆的高科技，完成不需要申請外國工作簽證、在家就能發展國際職涯的夢想，如果未來計畫出國到歐美國家找工作，有了跨國遠距工作的經驗，也將為你的履歷加分，對歐美雇主來說，這份經驗已足以證明你懂得如何和國際團隊共事，也了解歐美職場文化，即使你從來沒有出國工作，你的競爭力早已遠超過一般的求職者。換句話說，培養自己成為一名跨國遠距工作者，除了是發展國際職涯的第一步，更能增加自己的職場競爭力。

#跨國遠距工作權益須知

前一篇文章分析了遠距工作的各項優點，讀者朋友們看完是否躍躍欲試，想盡快成為遠距工作者呢？跨國遠距工作和在國內遠距工作不同，尤其若是你的跨國遠距工作公司在臺灣沒有設立分公司，關於稅務和法規的部分會比非跨國的遠距工作複雜許多，員工需要自行打理的事項也較多，因此本文的目的是向讀者朋友們簡單介紹一些在臺灣從事跨國遠距工作時需要注意的眉角，希望幫助大家在開始向國際遠距工作職場投遞履歷之前，先了解可能會面臨哪些需要思考的問題。當然，每個國家的法規都不一樣，每間公司的制度和規模也不同，這些都會影響他們雇用國外員工時採取的行政作業方式，在此提供的是普遍的大原則，實際情況還是會因個別情況略有差異。

一般來說，如果你的遠距工作雇主不是在臺灣登記立案的註冊公司，可能會遇到的問題包括：

一、需要自己辦理勞保、健保、勞退提撥：根據臺灣的跨國遠距工作者在臉書社團「遠距工作者在臺灣（work remotely in Taiwan）」上的分享，想解決這個問題可以找一間工會投保，投保時請記得主動聲明要扣勞退，並務必提供真實薪資，以避免之後若要調整比較困難。投保必須要在雇主第一次匯薪資到你的帳戶前完成。

二、較難申請到高額度的信用卡：由於銀行沒有你的薪資轉帳紀錄，無論是申請信用卡或貸款都可能比一般上班族困難一些。幸好「遠距工作者在臺灣」臉書社團內有許多熱心的團友是資深跨國遠距工作者，他們分享解決這個問題的撇步就是不要將職業填為「自由業」，建議可以向發卡銀行說明，你領的是薪資，而且每年都有報稅，只是公司在國外，並主動提供勞動合約、薪資單與薪資轉帳證明等，要知道自由業和一般受薪階級的信用卡額度相差可達四倍以上。

三、轉帳匯率問題：需要留意匯率損失以及國際轉帳手續費，否則談好的薪資和實際領到的會有出入，等於變相減薪。再次感謝「遠距工作者在臺灣」裡的大神建議在談薪水時直接乘以一•二五，因為雇主原本應該負擔的勞保、健保、勞退提撥、匯損、轉帳手續費等，全部加起來大約是薪資的二十五%。為了避免匯差問題，談薪資時盡量以新臺幣為單位，要求雇主每月薪資先轉成新臺幣後再匯款給你，或是以轉帳當天匯率換算成談好的新臺幣金額，如果可以，請記得在合約裡面註明轉帳手續費由資方負擔。

四、需要承擔較高風險：跨國遠距工作的勞動合約基本上不會以臺灣為主要法律約束地，一旦出事（例如不幸被裁員），臺灣勞基法規範的離職預告期與對遣散費的要求，對於外國公司沒有約束力，因此有經驗的跨國遠距工作者也在「遠距工作者在臺灣」社團裡提醒大家，第三點提到薪水乘以一•二五單純是指計算雇主本身應該負擔、卻因為在臺灣沒有註冊而無法負擔的部分，但實際上員工談薪資時，應該要再多加一點以保障自己的權利，才能負擔可能發生的風險。目前臺灣國內公司的薪資與歐美等國外企業相較，普遍偏低，不需要太擔心提出薪資過高而國外雇主無法接受的情況。譬如美國軟體工程師的年薪大約是十萬美元，折合臺幣約為三百萬，只要你要求的薪資在這個範圍內，大部分美國軟體公司應該都會接受。

五、需要提供許多書面文件：依照各國法律規定，簽約時可能會被要求提供各種文件或資訊，譬如美國公司會要求W-8BEN（預扣稅實際收益者的外籍人士身分證明）與其他表格，以及移民署入出國日期證明，若沒有提供，薪資會先被預扣三十%留在美國，雖然最後會退回你的帳戶，但可能會延遲一段時間才拿得到。

每個月收到國外公司的薪資匯款時，請記得向銀行索取水單，以便報稅時可用。報稅時請自行在報稅介面輸入資料，一張水單一筆，金額是扣除跨國轉帳費用後實際進到你戶頭的薪資金額，如果薪資不是用臺幣發的，請再乘以水單上的匯率。總之，跨國遠距工作要配合兩邊國家的法規，可能造成許多額外的paperwork，請務必將這個部分的時間成本也考慮進去。

六、簽約形式可能不太一樣：如果跨國遠距工作的是規模較小的新創公司，或還沒有能力在海外設新據點的企業，你可能會被要求簽訂和一般勞動合同稍微不一樣的合約。有可能是以自雇者（self-employed）或約聘人員（contractor）的形式和雇主合作，也有可能不是永久合約（permanent contract），而是以一年一約的方式續簽，這個部分求職者也應多加留意。

如果運氣較差，遇到黑心雇主，你要考慮的問題有可能會進階成以下這些：雇主薪水少付，難道要自費花錢請律師打國際仲裁？雇主提出不合理的要求，但臺灣勞工局說雇主不在境內，所以幫不上忙？或是哪天需要一張在職證明來申請某些文件或貸款，但因不是在臺灣註冊的公司，在職證明開出來也很少單位可以接受？也有可能是你覺得以上說的那些額外的風險和多出來的 paperwork 實在太煩人，彷彿除了當員工還要身兼ＨＲ，那麼這時「EoR（Employer of Record，中譯為「名義雇主」）」的模式就可以妥善解決這些問題。

臺灣的讀者朋友們對 EoR 這個專有名詞或許很陌生，為了幫大家解惑，我特別專訪了新加坡 Slasify 公司創辦人王祥宇（Carlos Wang），Slasify 是一間提供 EoR 服務的跨國企業，感謝身為 CEO 的 Carlos 特別抽空詳細解釋，讓我對 EoR 有了更深入的認識，以下簡單介紹 EoR 模式的雇傭關係。跨國 EoR 模式指的是境外雇主透過一個本地的「名義雇主」來雇用當地員工，由「名義雇主」處理所有當地員工在受雇期間被當地勞動法規保障的事項，包括這些臺灣員工的社會保險、退休金、勞動合約、稅務申報、管理記錄等。

對雇主來說，無論是初試聲啼的新創團隊，或是已具有一定規模、正在拓展國際市場的跨國公司，使用 EoR 服務都不失為省時省力的好方法，因為跨國遠距工作模式下的雇傭關係必須符合雙方國家的各種法規，如果雇主的HR團隊不夠大，或沒有餘力辦理這些複雜又耗時的手續，選擇和有經驗、合規化的「名義雇主」合作，只要支付合理的服務費，就能讓專業的「名義雇主」來搞定一切。Slasify 的客戶中，有一間企業在短短兩個月內將事業版圖拓展到全球十二個國家，能達到這個驚人的成果，絕對要歸功於 EoR 模式，它幫助該企業省下許多寶貴的時間成本，才能將真正的資源用在開疆闢土上。

對跨國遠距工作者而言，「名義雇主」更是員工的一大福音，它能保障員工所有依法規定的權利與義務，如果發生任何爭議，可在員工所在地解決，不會有國際訴訟的疑慮；萬一發生勞動糾紛，「名義雇主」也會承擔大部分法規的風險，小到簡單的遣散費糾紛，大至員工違法、工傷甚至死亡等賠償問題都包含在內。「名義雇主」還能確保員工獲得正常的薪轉記錄，以及本地公司的聘用記錄，可大大提高銀行往來的信用；同時因為「名義雇主」可以支付當地貨幣的薪資，匯率和匯差不會成為需要考慮的問題。

總而言之，EoR 模式對跨國遠距工作下的雇主和員工來說，是個皆大歡喜的人事行政解決方案。Slasify 於二〇一六年在新加坡成立，臺灣也有辦公室，二〇一七年開始提供 EoR 服務，疫情後業務成長迅速，目前服務範圍遍及全球一百五十多個國家，主要集中在亞洲和美洲。服務過這麼多跨國遠距工作型態的企業主，Carlos 表示遠距工作的趨勢在未來會繼續成長，意味著遠距工作的職缺將會愈來愈多，想要在不出國的前提下發展國際職涯，絕對會成為臺灣求職者的新選擇。但他也提醒讀者，遠距工作的勞動市場競爭非常激烈，職缺非常搶手，以 Slasify 本身為例，做為一間完全遠距的中型跨國企業，公司職缺的平均錄取率是〇．二％。

以上歸納跨國遠距工作者一定要注意的法規問題與權益須知，並介紹了因應跨國遠距模式而生的 EoR 服務，希望對有心成為跨國遠距工作者的讀者朋友能帶來一點幫助。

#遠距工作的局限

根據英國《衛報》二〇二二年八月的報導，許多蘋果電腦的員工對於執行長提姆・庫克（Tim Cook）的新政策非常不滿，庫克要求所有的員工從二〇二二年九月五日起一週必須進公司三天，而且不是讓員工自行決定哪三天，而是由總公司和各部門規定的三天，這個消息一發出，無疑是對蘋果的員工宣告完全遠距工作的日子已經結束了，不管你喜不喜歡、願不願意，九月五日以後統統給我滾回來公司上班，一個星期至少三天！

老闆如此強硬，員工也不是省油的燈，據說消息一出，員工之間就流傳著一份請願書，表達他們支持彈性地點工作（location flexible work）與反對統一命令（uniform mandate）的決心。《衛報》這篇報導截稿前，這份請願書有超過七百位員工連署，他們主張蘋果的員工應該有權利決定自己要在哪裡上班，而且只要直屬主管批准就行，不需要上呈到更高階的管理階層簽核，也不用跑複雜的行政流程，或透露任何隱私。

一位蘋果前員工透露，這些員工之所以如此抗拒回辦公室上班，背後有著現實的考量，其中絕大多數的人早已在疫情期間居家工作時搬離房價貴森森的舊金山灣區（Bay Area），遷移到他們能負擔得起房價的地區，而這些地區往往和蘋果總部距離超過三小時以上車程，如果一週回公司上班三天，無疑是強迫他們忍受每次六小時起跳的通勤時間，或是在乾脆辭職不幹之間做選擇。

雖然這些員工據理力爭，但蘋果公司似乎心意已決，沒有特別針對這份請願書公開發表意見，畢竟庫克執行長早已放話，說維持人際合作（in-person collaboration）是蘋果最根本的企業文化，似乎暗示讓員工在同一個環境裡一起工作有絕對的必要性。

有別於 Facebook、Twitter、Airbnb 等宣布大部分員工可以永久遠距工作的知名矽谷科技公司，蘋果從很久以前就堅持員工應該回到辦公室上班，而這個政策已經逼走了不少員工，譬如蘋果前機器學習部（Machine Learning）總監伊恩・古德費洛（Ian Goodfellow）就是一例，他為了能繼續享有遠距工作的彈性，在二〇二二年四月辭職，跳槽到英國知名人工智慧公司 DeepMind。

但蘋果的堅持其實並非特立獨行，美國電信公司AT&T也告訴《衛報》記者，他們相信員工表現最好的時候，就是大家在同一個空間一起工作時。但蘋果和AT&T的規定都不及特斯拉的態度強硬，特斯拉CEO伊隆・馬斯克（Elon Musk）在二〇二二年六月要求員工全部回到辦公室，他在公司內部郵件裡告訴員工，如果想要遠距工作，請先保證每週在辦公室工作的工時至少達到四十小時，這看似條件的原則根本是叫員工死了這條心，每週四十小時等於平均上班日一天八小時都要待在辦公室，就是要大家週一到週五在辦公室待好待滿，一天都不能少，如果每週坐辦公室超過四十小時以上還有人想在家加班，特斯拉則是非常歡迎。

儘管根據人才招聘網站阿波羅科技（Apollo Technical LLC）的調查，在家工作的產能比在辦公室工作的產能高出四十七%，二〇二〇年到二〇二二年新冠疫情期間的兩年，各大科技公司股價紛紛上漲就是最好的證明，但特斯拉、蘋果和AT&A等企業卻堅持員工要回到辦公室上班，到底是為什麼呢？

這個問題的答案很複雜，目前也不可能有標準答案，畢竟遠距工作模式對全人類來說都是一個新的挑戰，它發展的歷史還沒長期到可以很客觀地下定論，無法斬釘截鐵地說遠距工作模式就一定比傳統上班模式好，或是某些產業在傳統工作模式下一定運作得比較好，但或許可以從以下兩個面向來思考：

一、企業文化

馬斯克宣布全體員工都要回到辦公室上班時，一共發出兩封內部郵件，第一封的主旨開宗明義地指出遠距工作將不再被接受（Remote work is no longer acceptable），如果有特殊情況導致員工無法進辦公室上班，請直接告訴他，他本人會進行評估。此話一出，應該沒有人敢真的去請示大老闆，因為它將馬斯克的鐵腕風格完全表露無遺。第二封信的內容更強硬，表示如果員工不到辦公室上班，公司會視同這些員工已經辭職，他還以身作則，說自己經常睡在工廠裡，他相信愈資深的主管愈應該時常讓大家看到，而這是讓公司持續盈利的最好方式。他在信中順便打了那些接受永久遠距工作模式的公司一個耳光，說那些公司已經很久沒有推出新產品，因為視訊會議無法創造出地球上最厲害的商品。

姑且不論他說的是否符合現實情況，當一個公司的CEO深信唯有當員工集體回到辦公室時，才能創造出最棒的產品或最大的利潤，其實已經說明這個企業的組織文化是以達成團隊使命為優先，如果你想追求工作和私人生活有更好的平衡，麻煩請去其他公司。

企業文化沒有對或錯，只有認同或不認同，當付錢的大老闆深信大家一起在同一個空間上班才是王道時，合則來，不合則去，只是馬斯克這類型的雇主也要承擔留不住優秀員工的風險，畢竟目前大部分的A咖科技公司都允許某種程度上的遠距工作。

二、創造力

馬斯克寫給員工的第二封信中，提到最好的產品不是靠視訊會議就能創造出來的，這句話的真實性雖然有待驗證，但似乎不無道理，尤其是需要大量創意的產業，那種面對面交流才能碰撞出來的創意火花，還真的不太可能出現在視訊會議中。在家工作的心理狀態和在辦公室是完全不一樣的，遠距工作的情境下，每個人都有自己的行事曆，每場線上會議的安排都是目的導向且以快狠準為目標，大家上線開會公事公辦，討論完需要解決的問題後，就下線繼續做其他工作，根本不可能像以前一整天待在辦公室時，三不五時可以來個隨性的腦力激盪（brainstorming），可能是在茶水間閒聊時天外飛來的靈感，或是午餐時間和同事邊吃邊聊中蹦出新點子。

這些未經安排的腦力激盪往往是一項新產品或新服務的創意種子，但遠距工作時全都消失了，對於需要大量創意的產業來說，的確有可能是一種嚴重的損失。

在矽谷工作的作家鱸魚大哥在專欄裡也提到這個現象，他說：「看著 Zoom 畫面不可能摩擦出創意。」這點讓我非常有共鳴，我任職的公司就是百分之百遠距工作，在創意上的確比不上之前以傳統工作模式為主的公司，但新公司的產能卻非常高，每年都有績效獎金可領。即使在家工作的結果是產能提高，但若代價是流失創意，矽谷的科技公司豈不是變得和製造工廠沒兩樣！從這個角度來看，特斯拉和蘋果堅持讓員工回到辦公室工作，可能和他們不願犧牲這些創意的火花有關。

產能和創意如果站在天秤的兩端，身為科技公司的大老闆，你要選哪一個？這題的回答一樣見仁見智，沒有標準答案，我想絕大多數的老闆應該會選擇折中的混合遠距，如此一來既可以滿足員工偶爾想在家工作的渴望，也不會因員工都見不到面而犧牲了碰撞創意火花的機會。

這也是為何歐美科技公司的完全遠距工作職缺比混合遠距的職缺少很多，而且大部分的完全遠距職缺都來自規模較小的新創公司，畢竟新創公司比較可能在節省辦公室租金的成本考量下，實行百分之百遠距工作模式，做為置身於臺灣的跨國遠距工作者，求職時不妨從新創公司下手，或許會有較大成功的機會。

這篇文章談遠距工作的局限不是想澆大家一盆冷水，只是希望完整分析遠距工作的現實面，以幫助大家在尋找遠距工作目標時更有方向。

#科技讓人好焦慮

雖然我一直覺得 WFH 和無痛分娩、新冠肺炎疫苗可以並列人類歷史上最偉大的三大發明，但也必須要很公允地說，在家工作不是沒有缺點，尤其是從科技延伸出來的缺點特別多。為了讓讀者更全面地了解遠距工作模式的全貌，達到第一次 WFH

就上手的目的，我想特別用這篇文章介紹在家工作有哪些不方便，甚至到了讓人感到困擾的地方。

所謂「水能載舟，亦能覆舟」，科技雖然是讓在家工作變成常態的大功臣，但也帶給在家工作者一些無可避免的煩惱，讓最多人有感的是「科技疲勞」和「科技監控」兩大問題。

二〇二〇年三月新冠疫情在英國蔓延開來，英國政府三月十六日宣布「非必要工作者（**non-essential workers**）*」必須在家工作，且一週後火速宣布第一次全國性封城，當時我的前公司手忙腳亂地把大家必要的上班工具寄到員工家裡，一群從來沒有在遠距模式下工作的人，在毫無心理準備的情況下，被趕鴨子上架地開始全面在家辦公的生活。

由於前公司大老闆的管理思維偏向傳統模式，希望還是能掌握員工上班的情況，**WFH** 的最初幾週，每天早上九點半要集體上線開個類似點名的會議，開會的理由是

* 「必要工作者」指的是所有維持社會運作的工作者，包括警察、醫生、護士、消防隊員等，只要不是在這個範圍內的工作者，都算是「非必要工作者」。

和全體員工分享最新的新冠疫情動態，但大家都猜測大老闆召開會議背後的動機，多多少少是想了解員工有沒有在家裡乖乖工作，畢竟一夕之間從傳統上班模式改成完全遠距工作模式，不只員工要適應，老闆也需要調適，很難立即轉換成合宜的管理方式。

這樣做的結果，就是每天早上最精華、頭腦最清醒的時間，員工被迫上線聽老闆的晨間彙報，接下來的時間也是一連串的線上會議，每個專案都要小組開會討論，以我當時身上有五個專案來說，一天至少要開五個會議，若以一個會議平均一小時計算，五個小時就這樣過去了。如此一來，每天只剩不到兩小時的時間可以用來處理工作，短短時間有時只夠用來回覆客戶 email，剩下的工作就必須加班完成。那時每個同事都發現 WFH 根本就是加重工作量，在實體辦公室上班時，一年加班次數屈指可數，WFH 後卻幾乎天天加班，因此剛轉換成遠距工作模式時，大家不免怨聲載道。

我們後來才知道這種現象有個專有名詞，叫做「科技疲勞」，指的是因科技太方便，導致過分濫用，進而讓人產生超出負荷的疲勞感。譬如線上會議排得太滿，讓人沒有喘息的空間，導致真正用來工作的時間被壓縮。科技疲勞在新冠疫情剛爆發時，許多因疫情而轉為 WFH 的歐美職場中，是個很常見的問題。

當時突然從傳統工作模式被迫改成遠距工作模式，多數人的工作習慣仍停留在和同事處於同一個物理空間上班的狀態，有事討論就召集團隊開會，而且往往一個會議結束後，立刻安排另一個會議，忽略了應該在會議結束後，空出一段時間來消化會議內容，並預留一些時間為下一場會議做準備，這種因科技方便而把行程排到滿的結果，就是科技疲勞的起點，反而導致工作效率下降。大家很快地意識到科技疲勞的出現，不得不設法調整工作模式。

更關鍵的是，許多人往往忽略了遠距工作模式其實非常需要適應「非同步溝通（asynchronous communication）」，畢竟不在同一個場域工作，很難確實掌握每個人能參加會議的時間是否一致，或者是跨國的同事還有時差問題，因此最有效率的溝通方式反而是不需要所有人同時出現在視訊會議的非同步溝通。

被挖角後，我已經非常習慣完全遠距的工作模式，不會覺得有事需要討論就要求全組同仁進行視訊會議，而是傾向用 email 或在通訊軟體的群組中發問，等同事們有空時，再依照自己的步調回覆問題或提出討論。

另一項因科技而造成的問題，就是無所不在的「科技控管」。以我們公司的經驗為例，向讀者們說明科技監控如何影響員工的工作型態。

入職新公司約十個月時，我收到ＨＲ部門的一封群組信，告知員工手冊內容有更新，主要變動是使用公司手機那一章：員工使用工作手機時，不得用於私人用途，而且公司會監控每位員工的工作手機。我當時覺得沒什麼好大驚小怪的，公司本來就有權利監控公司發的工作手機，理論上也不應該將工作手機當成私人的使用。

過了一週，又收到另一封ＩＴ部門的群組信，標題寫了「Good News」，內容是通知公司要幫全體員工換新手機，要我們把原來使用的 iPhone 寄回公司。但這個消息一點也不算是好消息，第一、工作手機一直以來都是 iPhone，新手機卻是用 Android 系統，我們大多數人對 Android 沒有成見，但用慣 iOS 系統的人突然要換手機系統，感覺大概就像一直使用衛生棉的人，突然被迫使用衛生棉條那樣不自在吧！

第二、最讓大部分人難以接受的是，手機用得好好的，卻突然被徵召回去，新手機不但被安裝了監控軟體，還被設定只能下載公司規定的十九個 APP（對！你沒看錯，就是只有少少的十九個），而且還不包括 Facebook、Instagram、Twitter 和 LinkedIn，唯一允許使用的社群 APP 是 YouTube。我們是行銷顧問公司，不能使用這些社群媒體對員工來說，已經不是單純私人娛樂被禁止的問題，而是會造成工作上的困難。

這十九個 APP 大多是為了配合工作的工具性 APP，包括：Microsoft 系列的 Excel、Outlook、Word、Teams，總之就是微軟的各種工具，以及各大航空公司和火車公司的 APP，畢竟後疫情時代的交通票券大多數位化了，若不下載 APP，出差時可能面臨無法登機或搭車的窘境。此外，路痴必備的 Google Maps、叫車必備的 Uber、線上會議的 Zoom 和 Slido 當然也在名單之內，每一個 APP 存在的目的都是為了工作，就連 WhatsApp 都是因為有許多客戶喜歡用它來交代工作，主管們才勉強把它加進許可名單內。

雖然早就耳聞公司有監控員工工作手機的權利，但在英國工作十年以來，還是第一次如此真實地感受到一支手機被監控是什麼感覺，舉例來說，每當我解鎖手機，馬上就有一行字跳出來提醒：「This device belongs to your organisation（此設備屬於你的公司）」，而且還沒有設定任何帳號之前，手機系統裡已有一個預設的陌生帳號，看來就是監控者的帳號，必須說這種感覺真的很毛骨悚然，雖然我知道公司有完全正當的理由監控他們的財產，這種做法也在法律保障的範圍內，但試問正在讀這段文字的各位讀者們，你們願意自己手機裡的一舉一動都被別人掌握嗎？就算沒有做什麼違反公司利益的事，這種感受也不太好吧！

公司沒有說明為何決定更換系統，但應該和我們正式成為遠距工作模式脫不了關係，否則為何成立二十多年從來不曾考慮監控員工的手機，開始遠距工作後卻出現這種改變？

既然公司新政策如此，最簡單的應變方式就是公事公辦，我只在上班時間內打開這支手機，讓同事與客戶可以找到我，其餘時間都不會開機，更不會將它用在任何私人用途，工作手機就單純用在工作上。

除了手機，公司發給員工使用的筆電也是一樣，完全處於時時刻刻被監控的狀態，只要雇主有心，市面上充斥著各種監控軟體，包括同步追蹤員工的桌面動態，隨時做螢幕截圖或錄影，甚至能即時監視滑鼠被閒置了多久，如果有打混的員工利用上班時間追劇或看 YouTube 影片，或是離開電腦很長一段時間，導致滑鼠沒有任何移動的紀錄，老闆們全都能瞭若指掌。

根據人力資源網站 Prospects 二〇二一年的調查，英國有超過三成遠距工作者處於被科技監控的情況，英國政府主管的資訊委員會（The Information Commissioner's Office）表示，只要雇主有事先通知員工，並且未使用網路攝影機（webcam）的情況下，利用科技監控遠距工作者在家工作的情況是完全合法的。但資訊委員會也呼籲雇主，做科技監控時應該保留一些彈性，必須考量員工的工作屬性，譬如設計類工作流程可能不是時時刻刻都反應在電腦上，設計師很可能是用筆在筆記本上做設計草稿，雇主當然無法從電腦螢幕上偵測到員工的工作過程。

科技監控在遠距工作時代扮演了非常重要的角色，不只是用來監視員工是否有在上班時間打混，更重要的目的是監控員工是否有在合理範圍內使用科技產品，而不是冒著中毒或被駭客入侵的風險下載對系統有害的軟體，或點了不該點的連結，畢竟實行遠距工作的企業高度仰賴科技，不能承擔科技癱瘓的後果，因此在完全看不到員工的情況下，科技控管有時是不得不執行的是「必要之惡」。

很多人可能覺得公司發手機、發筆電是一種福利，但請不要忘記，只要是公司的東西，公司就有權監控，尤其在遠距工作模式下，許多國家規定雇主有權在合理的範圍內使用科技來控管員工，如果你未來有可能成為遠距工作者，或已經在遠距模式下工作，建議使用公司的３Ｃ用品時請小心謹慎，最好盡量不要用做私人用途。

這篇文章內容的目的不是想嚇唬大家，讓讀者朋友們對遠距工作避如蛇蠍，而是希望幫大家先做好心理準備，畢竟每件事都有正反兩面，WFH 也一樣，愈早了解它可能會有哪些缺點，有志從事遠距工作的你才能愈早開始準備。

#消失的儀式感

還記得你到新公司報到的第一天嗎？ＩＴ部門同事幫你設定好電腦，空蕩蕩的辦公桌上放了一盒印著你的名字和職銜的新名片，還來不及細看，就被人資告知要去參加排滿一整天的入職訓練，稍有空檔就被部門主管拉去各部門拜碼頭，向所有同事自我介紹後，差不多也快到下班時間了，入職第一天就是那麼緊湊又充滿新鮮感，但一切都顯得有趣而讓人興奮——至少身為菜鳥的你會感到無比新鮮。

這些儀式感滿點的入職步驟，在爆發疫情後的職場上卻成為我最懷念的事。轉換任職新公司時，完全沒有以上提到的這些「菜鳥必跑行程」，第一天到職上班是打開家裡的辦公室房門，電腦開機後就完成入職手續了，超級沒 feel，堪稱世上最令人無感的入職流程！

事實上，遠距工作時代，入職第一天和此後工作的每一天，基本上就是兩個程序：

一、走進自家辦公空間。

二、打開電腦。

聽起來千篇一律嗎？遠距工作就是如此，那些令人期待的入職儀式，那些為了讓新同事留下好印象而準備的笑話，那些主管迎接你加入團隊的溫情喊話，全留在回憶裡慢慢品嘗就好，遠距工作模式下，這些儀式全部被取消了！

遠距工作模式中消失的儀式感不只如此，各種傳統上班型態常出現的必要動作幾乎都被省略，無論是為了出門見人而好好穿衣打扮或認真化妝，還是公認為辦公室小確幸的「下午茶揪團」，不管你喜不喜歡，這些儀式可能都成為歷史了。而大家熟悉的「WFH look」正是辦公室儀式感消失的證據之一，反正在家工作沒有外人看得到，只要不打開視訊鏡頭，整天穿著睡衣、不修邊幅、蓬頭垢面的上班族也大有人在。

其實遠距工作模式並非放任新進員工自生自滅，背後支撐的是一個完整的配套系統，在此簡單分享我的遠距工作入職經驗。

獲得新公司錄取後，我馬上收到電子版工作合約和 welcome pack（歡迎禮包），兩天後收到紙本合約和回郵信封，以便讓我把簽了名的工作合約寄回公司。我離開前公司的離職交接期（notice period）是三個月，拿到合約後，我特別和讀者先生商量，打算挑三個月後他可以在家帶孩子的一天做為入職的良辰吉日，讓我去新公司完成報到手續，誰知道完全不是想像中的那樣！

接近我的入職日時，公司人資部門寄來一封 email，說某月某日會把我的上班「給西」寄到我家。我準備報到的前幾天，收到一個大箱子包裹，裡面裝了筆電、手機、螢幕、鍵盤、滑鼠、電腦包、用粉紅色緞帶綁起來的歡迎禮包和一張符合人體工學的辦公椅。那時我才恍然大悟，公司徹底執行遠距工作模式，入職手續當然也是用遠距方式完成，連進辦公室向前輩拜碼頭的程序都免了——即使你堅持要進辦公室，大概也沒有碼頭可以給你拜，包括大老闆在內，全公司同事都在家工作。

雖然當時得知不用特別開車一個多小時去報到而沾沾自喜，但心裡還是不免有點小失落，畢竟過去的經驗中，入職第一天的儀式總是非常令人難忘，就像剛考上大學的大一新鮮人，新生入學時最期待的就是迎新活動，那種存在意義大於實質意義的儀式感，卻因萬事都能靠遠距執行而消失了。

當然，公司不是沒意識到這個危機，報到之前，主管應該有交代同部門同事要主動給新同事傳個歡迎問候，因此當天我的 Microsoft Teams 聊天室一直不停叮叮叮地響，都是素未謀面的同事們傳來的歡迎簡訊；而且必須給我的主管和人資部門一個大大的讚，即使所有的入職程序和訓練都是在線上完成，新進人員還是能感受到他們熱烈歡迎的心意，每個主管和同事都非常友善，如果我有問題敲他們詢問，回應的速度也超快，約莫是有用心彌補遠距工作模式下容易人際關係疏離的缺陷。

不可否認，建立團隊（team building）是遠距工作公司管理階層最大的課題，在遠距模式下如何凝聚團隊向心力，如何以增加互動的方式來克服困境，後面幾章有專門的討論。

除了儀式感漸漸消失，討論遠距工作的負面影響時，還有以下幾個公認的難題：

一、人人都是宅男宅女，心理健康成隱憂

根據調查，有近兩成遠距工作者認為孤獨感是在家工作最難熬的事。尤其對單身獨居者來說，每天坐在家裡面對螢幕動輒八個小時，缺乏實地、親身和現實生活的他人互動，長久下來對心理健康可能會產生負面影響。

如果你是個愛熱鬧、喜歡一群人午休時一起出門覓食，或是熱衷茶水間八卦話題的人，遠距工作模式可能會讓你很難適應。即使還是可以和同事或客戶在線上互動，但必須老實地承認，對我來說，虛擬世界的任何互動和傳統的面對面互動相比，真的只有「sucks」一字可以形容。線上互動無論有多少人參與、話題有多勁爆、討論有多熱烈，帶來的滿足感和真實世界的互動相比，根本是九牛一毛而已，因為關

上螢幕後，你馬上又是一個人，又得面對獨處的環境；傳統的社交活動結束後，你可能會和三五同事一起搭車回家，或是留下來繼續聊天，甚至一起續攤之類的，這些活動在線上都無法做到。

WFH可說是兩面刃，當我們歌頌遠距工作可以免除閒雜人等的噪音和各種雜訊干擾時，同時表示我們必須學會處理獨自一人的寂寞情緒與孤立感。更重要的是，當我們漸漸習慣於宅男、宅女的生活後，千萬別因此喪失了在真實世界和人群互動的能力。

二、需要適應新的溝通模式

有十七%的遠距工作者表示，在家工作最棘手的問題就是適應遠距互動下的溝通模式。的確，溝通方式的改變應該是遠距工作者從傳統上班模式轉換成WFH初期，最容易產生適應不良的癥狀之一。我們無法像以前那樣，只要起身走幾步路，就能繞到同事的座位附近，有時甚至不用站起來，直接坐在有輪子的辦公椅上滑過去，就可以和同事面對面討論公事，再複雜的概念或事項也能很快釐清。但遠距工作的世界則有一套完全不同的遊戲規則，即使只是問一個簡單的問題，也經常無法迅速得到答案。

除了物理空間上的限制，讓你無法直接和同事面對面，從時間的角度來看，也很難像以前那樣只要瞄一眼就知道對方是否正在忙，而是必須先確認他當下有空，才能打視訊電話給他；如果在跨國公司工作，同事可能來自不同時區，你甚至必須等對方起床，並在你們都是上班時間內和他溝通，這就是為何前文提到遠距工作中非同步溝通和純文字溝通變得相對重要，書寫能力因此成為遠距工作公司雇主最看重的技能之一。關於遠距工作的溝通方式與技巧，我將在後文〈過度溝通的藝術〉裡詳細說明。

三、在家裡保持心無旁鶩

前面提到 WFH 是兩面刃，這句話也非常適合用在這一點。如果你不是定力夠、自我管理能力很強的人，在家工作可能比在傳統辦公室工作更容易讓你分心。無論是小孩的哭鬧聲、鄰居家正在裝修房子、時不時來按電鈴的郵差或送貨員，不論哪一種打擾都會成為讓你分心的原因。

這種無法避免的情況發生時，員工是否能很快從被打斷的思緒中重新連回正在處理的部分，就成了非常關鍵的能力。我過往十幾年從事的是媒體與行銷公關工作，長期面對截稿的壓力下，培養出幾乎在任何環境都能工作的高度專注力，對我來說，這不是個難題；但相信對許多定力不夠的人而言，在家工作的效率一定不如在公司辦公室，因為至少還有老闆會盯著，不像 WFH 真的就是「人在做，天在看」。

四、單打獨鬥的起點

從二〇二一年成為遠距工作者後，時常覺得自己從原本一間行銷公司裡的小螺絲，轉變成經營一間一人公司的 marketing freelancer。這種感覺不難理解，除了上班時都是一個人單獨工作之外，幾乎可以自己掌握所有工作相關的事：每天安排工作時間表、規劃專案進度、決定何時和客戶開會、何時需要做行政庶務、何時應該向主管彙報，這些全部都可以自己掌握，我的老闆從來不過問工作流程，例行會議也控制在最低頻率。佛系管理在遠距工作模式下是最好的管理方式，只要業績達標，老闆不在乎我是如何做到的，從這個角度來看，她更像我的客戶，而我是自己的老闆，而且是能領固定薪水的老闆。

主管如此信任，給我高度自由，有些人或許會羡慕我能主導自己的工作步調，然而長期單打獨鬥的結果，就是難以找到歸屬感與認同感，過去我們總是強調公司的組織文化有多重要，身為公司的一分子，多多少少會沾染那間公司的氣質，但就我任職超過一年的經驗來看，雖然公司很努力舉辦各種線上和線下的社交活動，希望透過這些活動複製傳統上班模式那種自然發展出的集體認同，但效果還是十分有限。這應該是遠距工作模式中最可惜的一點，畢竟工作不是只為了賺取金錢和獲得成就感，透過職場的社交拓展人脈圈，也是不可小覷的一環，只是在完全遠距工作模式下，單打獨鬥似乎是遠距工作者更貼切的寫照。

對我來說，遠距工作雖然利多於弊，但不可否認這些「弊」當中有些確實會讓人想打退堂鼓，尤其已有研究證實，孤獨的確對心理健康有害，因此考慮是否成為遠距工作者之前，請先分析自己的個性與習性，確認可以克服上述這些難題後再做決定。

#虛擬世界的職場騙局

如果和我一樣是八〇年代出生的讀者朋友，大概對於網路不發達、上網要靠數據機撥接的那個年代略有印象吧！當年長輩經常對我們耳提面命：「網路上壞人多，不要輕易相信網路上認識的陌生人。」二十多年過去，網路已成為生活中不可或缺的一部分，我們不但早已習慣在網站上買東西，連人生重要大事如求職或找對象等，也深深依賴著網路無遠弗屆的力量，但那句「網路上壞人多」至今仍是值得警惕的金玉良言。網路詐騙技巧隨著網路的發達，一路進展神速，在Netflix引爆話題的真實犯罪紀錄片《Tinder大騙徒》（The Tinder Swindler）就是足以代表的例子。

雖然網路詐騙不是新鮮事，但進入遠距工作時代，一種前所未有的詐騙型態卻隨之出現，我們姑且稱為《Tinder大騙徒》職場版，它活生生、血淋淋地發生在二〇二〇年的英國倫敦。

二〇二一年二月，BBC踢爆一則網路詐騙案，特殊之處在於它是鎖定行銷業工作者的求職類詐騙，和在英國從事行銷業且是遠端工作者的我本身有最直接的關係。

一間「號稱」位於倫敦的行銷公司「瘋鳥（Madbird）」，從老闆阿里・阿亞德（Ali Ayad）的人設到公司多位同事，甚至辦公室地址全都是假的，BBC揭穿這個騙局後，在Madbird工作的員工才知道，原來他們眼中的行銷才子老闆和公司承諾的海誓山盟都是謊言，當然也沒人真的拿到全額的薪水。

聽起來很荒謬嗎？在遠距工作職缺愈來愈多的歐美企業，若有心人士刻意利用網路的虛擬世界打造一間「完美人設」的公司，涉世未深的年輕求職者很有可能落入這樣的工作陷阱裡。

阿亞德在二〇二〇年英國因疫情封城期間，創辦了Madbird這間號稱總部在倫敦、杜拜有分部、但疫情期間實施遠距工作的行銷公司，他利用在網路和社群媒體上打造個人完美人設的方法，包括曾在Nike俄勒岡州總部工作的經歷，以及不知從哪裡剽竊來四十二個知名品牌的案例分析（case study），加上舌粲蓮花的話術，讓五十多位分別來自烏干達、印度、南非、菲律賓等世界各地的員工，願意接受合約裡「試用期只能收取案件得標後的分成」這種不合理的給薪規定，除了心甘情願為阿亞德賣命，還相信試用期過後他會幫他們申請英國的工作簽證。

為了讓謊言更具說服力，阿亞德除了在 LinkedIn 和 Instagram 上為自己建立不符合事實的個人介紹，還一手打造了至少六名「資深員工」的假人設，他們的身分是隨意從網路圖庫偷來拼湊而成，但洋洋灑灑的員工資料放在 Madbird 官網上，如果不去查證，很少人會發現其中有鬼。在此向不熟悉英國職場文化的讀者略作解釋，英國行銷公司的網站大多有一個網頁是「Our People」或「Meet the Team」，會放上員工的照片姓名與一些基本資料，您可以參考我們公司的網站，其中就有八十多位員工的檔案：https://outlookcreative.uk/our-people/。

這個新聞一爆發出來，許多人將之和 Netflix 上兩部關於詐騙的熱門影集《Tinder 大騙徒》和《創造安娜》（Inventing Anna）相提並論，因都是靠現代科技詐騙的案例，只是影片中的角色主要是騙錢，而 Madbird 則是詐騙被害人的勞動力和時間，阿亞德完全沒發薪資給員工，讓他們足足做了好幾個月的白工，在創意即資產的行銷業，阿亞德的行為等同是剽竊了這些員工的智慧財產。

起初看到這則新聞時，我雖然可以理解疫情之下找工作的困難度增加許多，加上人們對遠距工作的警戒心不足，可能一不小心就容易落入陷阱，但還是對竟然有那麼多人面對「試用期沒有穩定薪水」的不合理聘雇條件，還是願意當免費或廉價勞工感到非常驚訝。仔細思索之後，發現背後的原因可能和大部分受騙的員工都是住在英國境外的外國人有關，他們也許嚮往有朝一日能到倫敦工作，懷抱著能拿到英國工作簽證的美夢，才會在未經查證的情況下，甘願持續很長一段時間「做白工」。

至於這些員工在Madbird做白工期間是否為真實的客戶做案子，新聞裡沒有提到，但就我從事行銷業的經驗來看，客戶有可能是真的，但也許還在提案階段就被刷下來，最後並沒有拿到案子。我個人感覺西方這種職場詐騙很多時候介於真和假之間，就像《惡血：矽谷獨角獸的醫療騙局！深藏血液裡的祕密、謊言與金錢》（*Bad Blood: Secrets and Lies in a Silicon Valley Startup*）書裡描述的主角伊莉莎白・霍姆斯（Elizabeth Holmes），她如果真的成功打造出「改變世界」的生技新創，就不會變成詐騙案主角了。

如果你目前人在臺灣，希望未來能夠到英國或其他國家工作，怎樣才能避免落入陷阱呢？我以在英國行銷業工作超過七年，目前也是遠距工作型態的經驗，向大家簡單介紹幾個原則：

第一，正規的英國公司或國外公司如果要雇用非本國人，面試之前就會先確認求職者的簽證狀態，如果應徵者沒有該國工作簽證，那家公司又沒有打算幫外國人申請工作簽證，基本上不會考慮面試這個人；若該公司有打算幫外籍人士申請工作簽證，會在錄取後幫外籍員工即時提出申請，而不是等到試用期過後才申請。

第二，一般行銷代理商（marketing agency）的職缺不太可能是抽成制，而是每個月有固定薪水加上定期或不定期的績效獎金。單靠抽成制而不發固定薪水的產業，較常見於傭金高的銷售類工作，比如汽車銷售或房仲業等，畢竟有時賣一棟豪宅的抽成很有可能就是一般上班族一整年的薪資收入，建立在這樣的基礎上，才有可能以抽成傭金取代固定薪資。

第三，即便是遠距工作型態，正規公司還是會有總部所在地，也就是該公司在各國政府公司註冊機構上登記的所在地址。勞動合約裡載明的公司地址，如果在公司註冊機構上查不到，其中可能就有問題，或是像Madbird的公司註冊地址只是一間普通民宅，那間公司可能是一人公司或個人工作室。當然，一人公司或個人工作室只要有繳稅，並符合政府對於營利單位的各項要求，其實沒有什麼問題，但如果分明是單打獨鬥的 one man band（一人樂團），卻在公司網站上揑造不實資訊，譬如謊稱還有其他員工，就明顯有鬼，求職者一定要多加留意。

第四，只要是正規的國外企業，不論任何產業，通常不太可能要求員工使用私人電腦辦公，因為工作資料屬於公司資產的一部分，多數公司不太可能允許員工將工作資料存在私人電腦中。尤其是實行遠距工作型態的公司，一定會寄給員工灌好所有工作相關軟體和連結公司主機系統的電腦，一方面是確保傳輸檔案的過程中絕對有加密處理，保障線上資訊安全，另一方面是方便老闆執行數位監控。遠距工作的資方要求員工在家工作時使用自己的電腦，在歐美職場是比較少見的現象，雖然不見得一定不合法，但建議先詢問雇主如此規定的原因。

第五，試用期前後的員工福利應該相差不多，尤其是薪水和假期這兩項，基本上不可能相差太多。以我工作過的兩間英國行銷公司為例，第一間是完全沒差，第二間只有請病假的薪水在試用期任滿前後有所不同，像 Madbird 那樣從完全傭金制到年薪三萬五千英鎊的巨大差別，根本貓膩十足。

分享一個發生在我身上的真實案例，說明遠距工作時代，類似 Madbird 的詐騙事件其實比想像中多，大家不得不小心提防。

二〇二一年八月轉換公司後不久，我曾收到一封獵頭公司的 email，說他們受一間倫敦的行銷公司之託，招募客戶經理，年薪比我現在的工作多了一萬五千英鎊。當時我剛加入新公司，根本不可能在短時間內考慮再度跳槽，但對方說的幾個條件非常有吸引力，包括百分之百遠距工作、薪水高、客戶是知名品牌等，因此我忍不住上網查了一下那間公司，乍看之下很正常的網站上，卻發現了兩個非常詭異的現象。

首先，介紹工作團隊的頁面裡，所有人都只有秀出名字而沒有寫出姓氏。我從來沒看過任何一間行銷公司的網站這樣介紹團隊成員，而且文案寫的都是這些人在各大知名企業裡做過的各項豐功偉業，令人不禁懷疑為何不敢把他們的姓氏寫出來呢？

更扯的是，團隊成員各個郎才女貌，每個人都顏值爆表，放大圖片一看更不得了，竟然是好萊塢巨星的照片，包括李奧納多・狄卡皮歐（Leonardo Wilhelm DiCaprio）和安潔莉娜・裘莉（Angelina Jolie）。

當下我覺得莫名其妙，馬上到 Companies House 查詢那間公司的登記資料，雖然查是查到了，但該公司從二〇一四年成立以來，就是處於休眠狀態，從來沒有任何財務交易記錄，很難想像它和公司官網上所寫的從二〇一六年以來多次得到業界各種獎項，還和國際各大品牌合作過的公司有何關聯。讓我一度懷疑和我聯絡的獵頭也是假的，但接著查了那間人力資源公司在網站上的介紹，似乎是正常運作的獵頭公司，難道獵頭公司也被這間虛有其表的公司騙了嗎？

我在英國工作超過十年，從來沒有遇過這樣的事，雖然那間公司的網站在介紹團隊的頁面漏洞百出，但乍看之下該有的案例分析都有，甚至還有知名品牌客戶的背書，如果是比較年輕或涉世未深的求職者看到，可能不是很容易察覺出端倪。

這件事發生後不到半年，BBC 就爆出 Madbird 的職場詐騙，直接勾起我的回憶，也驚覺遠距工作的時代，求職陷阱真的有愈來愈多的趨勢，因此特別寫下這篇文章，提供有心找遠距工作的讀者們參考，提醒各位不要盡信網路上看到的所有事物，尤其在遠距工作時代，求職時更要擦亮雙眼，多方搜尋相關資訊，不要輕易落入詐騙陷阱。

第四章　遠距工作心態養成術

#「過度溝通」的藝術

前面提到遠距工作在先天上限制了老闆無法和員工坐在同一間辦公室工作，是「微觀管理」的終點，但不表示老闆會用放牛吃草的佛系管理模式經營公司，更不代表員工從此不需要和老闆報告工作進度，想到需要報備時再天外飛來一封email；相反地，正因為大家不在同一個空間工作，無法像以前那樣只要走到對方的座位，簡單交談幾句就能知道業務目前進行到什麼程度、是否遇到哪些困難、員工需要哪些幫助，這樣的情況下，「過度溝通（overcommunicate）」變成一種必要，這是一種保障各自的認知在相同基準線的方式，用英文來說就是「on the same page」——確保每個人都在同一頁，而不是有人已經翻到最後一章，有人還停留在

第一章。

舉個我們公司的實例來說明「過度溝通」在遠距工作時，為何是必要且有效率的溝通方式：

同事A以為寄了影片檔案給設計師B放在簡報投影片中，但設計師B收到的是srt檔案，也就是用來做字幕的檔案，而不是完整影片的mp4檔案。這在行銷公司是一般常識，只要執行過和影片有關專案的行銷人都知道這兩種檔案的區別，但設計師B回覆同事A時卻使用了「過度溝通」的方式，詳細解釋為何srt檔案不能被使用，而不是簡單地說「這個是錯的檔案格式，請寄正確的檔案給我」。設計師B這麼做的目的不但是想確保同事A知道他要的是mp4檔案，並透過解釋為何同事A之前寄來的檔案不能用，以避免同事A再重複寄出srt檔案的可能性，儘管這個可能發生的機率很低，但遠距工作時，如果能用一封郵件解決，就不要增加不必要的郵件往返，畢竟大家不在同一個場域工作，無法確定對方何時才會回覆你的email。果然同事A立刻提供了正確的檔案，也沒有提出任何疑問，「檔案事件」的問題迎刃而解，沒有浪費到彼此的時間。

「過度溝通」在傳統工作模式下，常被認為是沒有效率的溝通方式，但遠距工作模式下，卻成為有助於提高工作效率的溝通方式，尤其是用書寫方式的「過度溝通」，在遠距工作中扮演至關重要的角色。除了不在同一個空間工作的原因外，還有兩個主要因素：

一、「無法立即得到答案」是種常態

很多人看待遠距工作時，只考慮到空間的問題，但遠距工作不但員工不在同一個空間工作，更表示員工對掌控時間有更高的自主性，也就是每個人在大部分的情況下，可以自行衡量每樣工作的輕重緩急，並加以排序（當然，老闆十萬火急地交代必須馬上執行的工作除外），所以你可能無法想開會就隨時打視訊電話給同事，因為對方可能正在另一個線上會議中，或是正全神貫注於某樣工作上，根本不會接你的視訊來電。因此遠距工作模式中的人都應該有「無法立即得到答案是種常態」的認知。

這個前提下，身為遠距工作者請盡量用書寫的方式和團隊進行溝通，無論是會議紀錄、議程、討論結果或會議後的決定等，請都以書寫的方式記錄下來，而且寫得愈詳盡愈好，並分享給團隊中的每位成員，如此一來，團隊成員可以用自己的步調決定何時回覆訊息，你也會發現用書寫方式傳遞的訊息，更容易得到團隊成員的反饋，因為大家有更多時間可以仔細思考。

二〇二〇年三月新冠疫情在英國爆發時，可以居家工作的公司都突然被政府要求改成以遠距工作模式運作，當時印象最深刻的就是每天都有好多線上會議，一天上班八小時似乎有六小時在開視訊會議，真正能用來工作的時間根本不夠，現在回想起來，就是那時大家都沒意識到「無法立即得到答案是種常態」，還不理解遠距工作模式下，不是每個員工都有必要參加每一場視訊會議，也不是每個決定都要透過集體的視訊會議才能達到共識。

二、資訊需要更透明公開

遠距工作者身處在各自的空間工作，無法像在辦公室上班那樣，透過聽到某某人的談話、看到某個事件發生的始末來取得相關資訊，或是對某事件有基本程度的背景理解。因此，無論是老闆或團隊領導者在分享資訊或公布新政策時，都要特別留意資訊是否足夠透明且公開。除了可以召開集體視訊會議的方式公告所有人，也建議在會議後發出一封群組信，詳細說明每個公告事項的細節，以及支持這項公告的具體理由，確保公司每位需要被告知的同事都有接收到完整的資訊，信件的最後更方便提醒大家盡量提出反饋意見。

我們公司對專案經理如何交代工作給設計師或影片剪輯師有非常具體的要求，比如 email 的主旨欄必須寫上特別要求的文字與符號，這點在每位員工的入職培訓時都會提到，算是基本的就職須知之一。而且公司還會時常發群組信提醒所有的專案經理，並在信中解釋這個規定背後的理由，因郵件系統會自動將主旨欄有這些文字和符號的郵件分類到某個公共信箱，讓所有的設計師與剪輯師都能在第一時間內看到郵件，而不是淹沒在茫茫的 email 大海中，這樣的做法有助於增進團隊合作的工作效率。專案經理們知道了這項措施背後有個技術性理由存在，不但容易遵守，也不太會忘記，畢竟沒有人希望自己發的 brief email 因格式問題而被漏讀。

一般的情況下，「過猶不及」是不變的真理，但遠距工作時代，「過度溝通」

卻是提高工作效率的必要手段。如果你還沒有遠距工作的經驗，不如把它想成是「遠距離戀愛」，和另一半處於不同空間甚至不同時區的情況下，想給對方百分百的安全感，似乎需要的也是「過度溝通」。

包括交代一天二十四小時的行蹤、和對方說自己參加了哪些社交活動、和哪些朋友聚會、何時去探望父母、哪幾天需要加班或出差、每天幾點起床和睡覺等，這些資訊中有許多在非遠距離戀愛的情況下，可能完全不需要交代，因為對方可能和你住在一起，對你的作息與社交圈瞭若指掌，一旦成為遠距離戀愛，即使最枝微末節的小事也可能造成一場誤會或猜疑，遠距離戀情難維持，因為很多人都無法做到「過度溝通」。

好在遠距工作需要「過度溝通」的事情遠比遠距離戀愛少很多，只要在工作時把握「提供最多訊息」的原則就好。遠距工作時資訊永遠不嫌多，「過度溝通」其實才是「適度溝通」。

以上說的各種關於「過度溝通」的原則與理由，以及實際案例分享，希望能為讀者帶來一些參考，也呼籲所有的遠距工作者都能一起鑽研這門「過度溝通的藝術」，讓大家在遠距工作的職場中無往不利。

#遠距工作的潛規則

剛加入公司時，有位比我早一個星期入職的年輕妹子在開會時問了部門主管一個大哉問：「有緊急事項需要聯絡同事時，到底是用 email 還是用 Microsoft Teams 即時通訊軟體？」原來她時常在最忙碌的時候同時收到某些同事的 email，以及某些同事的線上訊息，噹噹噹噹的訊息通知聲讓她無法專心工作，更不知道到底該先處理郵件還是訊息，所以在開會時提出這個問題，希望主管給她一個指標，或是請主管能規定全部門的緊急事件一律用 email 處理。

相信這是所有遠距工作者心中都曾浮現的問題，遠距工作時，使用何種溝通工具各有各的偏好，使用時機也有各自的習慣，根本沒有所謂的標準答案。有人覺得 email 比較正式，重要事項應該用 email 發出，即使內部溝通也是一樣；有人則覺得線上即時通訊軟體的優點是即時性，緊急事件當然用它處理比較快，其實全看使用者的工作習慣，以及對這兩種媒介的功能認知與定義。

像我這樣的職場老鳥早在心裡打定主意，真的十萬火急的事，一定是遵循三個步驟：

一、寫 email 正式通知對方有這件事要盡快處理。

二、在線上用即時通訊軟體敲對方再次提醒。

三、如果過十分鐘沒收到回覆再打對方手機，讓對方沒理由說沒看到。

當時我非常期待聽到主管的回答，這題說難不難，但要三言兩語回答得好也不容易，而他的回答不但讓我印象非常深刻，也讓才入職一週的我有種來對公司的感覺。

主管沒有直接回答這個問題，只是強調遠距工作的基礎就是每個人都能當自己時間與工作方法的主人，用最適合的方式安排工作，因此不管是用通訊軟體或 email，都要有「非同步溝通（asynchronous communication）」的認知，也就是說不該期待同事會立馬回覆，畢竟不在同一個空間辦公，怎麼知道對方是不是剛好去上廁所了呢？或是正好去沖一杯咖啡？當然，主管也明白強調，大家都是在職場打滾的成年人，理應知道上班時間就要時時查看 email，通訊軟體的訊息通知聲音也要打開，才不會出現漏接同事工作訊息卻不自覺的情況，只不過每個人的工作習慣不是由主管來硬性規定，否則就容易淪為微觀管理，和遠距工作強調員工獨立自主性的精髓背道而馳。

聽到主管如此表達，身為員工的我很感動，感到被尊重且被賦予完全的自主權，畢竟遠距工作真的是建立在信任的基礎上，如果還要老闆手把手地一一指導員工，什麼情況下該使用 email，什麼情況下則該使用即時通訊軟體，未免讓人有種老師教導小學生的既視感。

主管提到的另一個重點——強調「非同步溝通」的重要性讓我很有感。遠距工作模式下，每位員工在家裡以自己的步調工作，如果要找某位同事討論事情，隨時要有不同步溝通的心理準備，不要期待同事會時時刻刻在線上等著秒回你的問題，更不要期待隨時打視訊電話時，對方一定會接，或是一遇到需要討論的事情就立刻發會議通知，畢竟不是每個問題都要靠同步會議才能找到解決方案。為了確保不耽誤彼此的工作時間，遠距工作模式鼓勵員工無論是討論、做決定還是給予意見反饋，都盡量用書寫的方式交流，而事實也證明，利用這種方式溝通往往更有效率。

「非同步溝通」對跨國公司來說更為重要，員工來自世界各地，所在時區不同，上班時間自然不可能同時的前提下，善用「非同步溝通」的技巧就變得格外關鍵。譬如跨國團隊共同合作時，臺北的早上是英國的深夜，要在彼此的上班時間一起開同步會議是比較困難的事，然而非同步會議可以解決這個問題，無論是用 Slack、Microsoft Teams 的線上討論，或使用 Trello、Jira 的看板任務，都可以協助團隊成員們在不同的時間段參與任務。「非同步溝通」除了可以克服時差，對內向或不擅長在眾人面前即興發表意見的人來說，也是一大福音，算是另一項隱藏版優點。

總之，「非同步溝通」是遠距工作模式和傳統工作模式最大的差異之一，如果硬要在遠距工作時，要求每項溝通都是同步且即時的，根本是不可能的任務，遠距工作的入門者請務必先做好心理準備。

雖然部門主管認為使用 email 和即時通訊軟體的時機應視個人習慣而定，但就我在英國職場工作超過十年的經驗，以下幾個原則是彼此不需言傳、但都有默契遵守的潛規則：

一、Email具有某種程度的正式性，而且可以較有系統地追蹤和建檔，需要表達正式感或寄出有法律效力的文件時，通常以email為主。譬如第一次和客戶聯絡時，一封有禮貌的email絕對非常必要；招聘人員的過程中，寄出面試邀請或聘雇合約時，用email聯絡也比較適當；對公司內部來說，向員工寄出懲處通知時，也必須使用email，畢竟事涉敏感且關乎法律權益，不適合用通訊軟體傳遞。

事實上，將email預設為主要的溝通工具是不理想的，大部分的email對提高生產力沒有太大幫助（你一定寄過很多信件內容不超過五個字的email，這些郵件若不是根本沒有必要性，就是可以用即時通訊軟體的一個表情符號搞定），而上班族卻每天得花許多時間處理email。根據統計，英國每位員工平均每天收到的email數量是一百二十一封，而且有逐年增加的趨勢。跨國電腦軟體公司Adobe的調查更發現上班族每天要花超過三個小時處理email，也就是說每位員工一星期至少花十五個小時寄發電子郵件或檢查信箱，換算成年度來看，一年五十二星期裡，平均花在email上的時間竟然高達二十個星期。

二、即時通訊適合用於非正式對話，尤其是簡單又需要即時回覆的問題。西方職場大多鼓勵員工盡量使用即時通訊軟體，因為能大量節省溝通時間，提高員工生產力，根據統計，職場通訊軟體 Slack 協助員工增加生產力高達三成。即時通訊軟體不但即時性比 email 高，它的符號反應功能更堪稱人類溝通史上最偉大的發明之一，讓再忙的人都能空出一秒鐘時間按個讚表示認同，或是按個愛心表示感謝，這麼方便的功能立刻打趴 email，更別提省下那些寫「Dear XX」和「Best regards」的時間了！

但即時通訊軟體並非完美無缺，遠距工作者使用即時通訊軟體時要適度、適量，千萬不要認為反正是即時的又不那麼正式就卯起來狂傳，如果因此造成同事的壓力反而弄巧成拙。請記得，即時通訊軟體和 email 應該相輔相成，互補不足，選擇適合的媒介和同事溝通的目的是提高工作效率，而不是讓其他人感到工作量加倍。如果真的不想被即時通訊軟體打擾，可將自己的線上狀態改成「請勿打擾（Don't disturb）」，以確保能維持百分之百的專注力在重要工作上。

回到那句經典的廣告詞：「科技始終來自人性。」無論是 email 或線上即時通訊軟體，溝通的原則都是一樣的，使用精準的字詞、有禮貌的態度，加上最大化訊息的涵蓋量，不要讓人覺得你言不及義或講話沒重點，這些都是職場溝通亘古不變的最高指導原則。

#刷存在感之必要

世界上有兩種時間過得最快，一是小孩長大的瞬間，二是成為遠距工作者之後的入職時間。轉眼間我成為遠距工作者已經超過一年，九十九%的時間都待在家裡，完全不像當傳統上班族時，過著那種數饅頭等發薪日、等放假的生活，在家工作類似變成有固定薪水的自由工作者（freelancer），經營一間只有我一個員工的行銷公司，主要客戶只有一位，就是我的老闆。

不知其他同事們是否和我有同樣的感覺，但這一年多以來，觀察到一個有趣的現象——不僅同事間的連結度降低，彼此都不太熟悉之外，大部分人的形象也很模糊，尤其是開會時從來不打開鏡頭的同事，他們在其他人眼中只是一個名字，存在感低到比荷蘭的地平線還低。

根據我的簡單統計，主管沒有要求的情況下，視訊會議中會主動將鏡頭打開的員工大概不到會議人數的三分之一，而且不開鏡頭的這些人平常也沒有打開鏡頭的習慣，就算私下找他聊天或討論工作，往往像講單口相聲，對著漆黑一片的螢幕講話，看不見對方的表情、無法偵測他的情緒，甚至不知道他有沒有認真聽你說話，唯一的線索是對方開口回答你的問題，或是主動發問時，才會意識到螢幕另一端是個真人，只是這個人的形象一點都不鮮明，和路人甲差不多，即使明天螢幕那端換了一個人，我們可能也不容易發現。

不喜歡打開鏡頭有很多原因，可能是不想化妝、不想換掉睡衣、根本不想穿衣服（驚），或者單純是懶得應付同事，願意接來電已是看得起打視訊電話的人了。你覺得很意外嗎？遠距工作者中不少人有鏡頭恐懼，能不打開鏡頭的情況下就盡量不開，他們有時會用科技做藉口，說家裡的網路不穩，開視訊網速會變更慢，或是說網路鏡頭壞了，遠距工作最大的天敵就是不夠力的科技，遇到問題只要推給科技，基本上沒有人會質疑你。

我一直奉行臺灣人常說的「見面三分情」原則，從入職到新公司第一天開始，就要求自己一定要開鏡頭，除了督促工作時上半身的儀容要打理好，建立上班的儀式感，也相信看得到臉是打造良好人際關係的第一步。漸漸地發現，打開鏡頭這麼簡單的一件事，在遠距工作時代竟然成為一種刷存在感的方式。

這裡指的刷存在感不是網路上常說的蹭熱度，並沒有負面意義，而是遠距工作時的一種必要手段——讓同事和主管認識你，進而記得你的方法。沒辦法！我們公司八十多位員工之中有一半以上都是轉型為完全遠距工作型態後才加入的，大多數同事幾乎沒有在現實生活中見過彼此。這樣的情況下，如果你不打開鏡頭，盡量利用每次視訊會議「曝光」，大家當然很容易忽略你的存在，尤其是不曾有業務交集的同事，更是不容易把你的名字和長相連結起來，你的存在對他們來說就像空氣一樣，但不是「陽光、空氣、水」那種重要的元素，而是「把你當空氣」那種視而不見的物質。

還有一種更能將存在感刷好、刷滿的方法，就是公司舉辦大型線下聚會時，好好把握和同事互動的機會。以我們公司為例，雖然時不時舉辦部門間的小組線下聚會，但全體集團聚會大約只有兩次，其中一次是歐美企業爭相砸錢、地位和臺灣尾牙不相上下的聖誕派對。我進新公司的第一場聖誕派對因二〇二一年底英國疫情增溫而不幸被取消；另一次則是在遠距工作界愈來愈流行的盛夏戶外嘉年華會，尤其對嘉年華會有著莫名狂熱的英國，夏天晝長夜短，平均氣溫十八度，不冷不熱最適合舉辦戶外大型活動，於是我們公司的「O Festival」就此誕生！

聽說要辦 O Festival 時，我簡直興奮到像隔天要去校外教學的小學生一樣，那時已加入新公司半年，卻只和兩個同事在虛擬世界以外見過面，所以迫不及待地想去和全公司同事來個「網友見面大會」，我甚至向團隊成員宣布要排一張時程表，像閃電約會（speed dating）那樣，分別和八十多位同事全部講到話。

也許你會好奇，為何我這麼積極地想刷存在感，讓大家都認識我？並非我想競選里長（話說英國也沒有這玩意兒），更不是我有自戀型人格，而是基於非常務實的考量，愈多人認識我，和他們共事時就愈容易溝通，他們願意為了我的項目盡心盡力（go extra mile）的可能性也愈高，畢竟我的職位是專案經理，職務角色有許多內容是跨部門協調，如果和大家沒有任何交情，或是大家把我當空氣，要如何帶領跨部門團隊一起打仗，拿下最好的業務成績呢？與其說刷存在感，不如說是一種遠距職場中的生存策略，當你無法像傳統上班模式那樣，和同事在每日的辦公室互動中，建立願意為彼此賣命的革命情感，刻意製造和團隊黏結（bonding）的機會就變得無比重要。

由於 O Festival 在夏天舉辦，接近年度銷售業績做簡報的大日子。為了讓大家更有參與感，老闆在二〇一八年決定把業績簡報這種嚴肅的主題，改用嘉年華會形式呈現，於是業務簡報和頒獎典禮就被納入 O Festival 的一環，讓這場充滿音樂和美食，以及源源不斷供應各種酒類的盛大 Party，成為名副其實的企業活動，在交流情感的同時，也凝聚團隊精神。

公司大手筆租下專門辦婚禮的莊園，做為舉辦 O Festival 的場地，現場準備了各種團康遊戲、雇了樂團（live band）來現場演奏，還有個供應到午夜十二點才收攤的酒吧，音樂和酒是英國辦派對的兩大主要元素，只要搞定這兩件事，離賓主盡歡就相去不遠了。

公司還鼓勵員工留下來露營，讓嘉年華會的精神落實得更徹底，也能讓大家更盡興喝酒，莊園土地面積大，用來露營剛剛好。只是我天生對睡在野外沒興趣，露營活動對我而言真的超沒吸引力，而讀者先生也是一樣，所以我們家根本不可能有帳篷這種東西，左思右想了半天，還是決定借住同事S的帳篷露營一晚，這樣才有機會看到同事們喝茫後東倒西歪、亂報八卦的有趣場面，更重要的是，有更長時間大刷特刷存在感，讓八十多個同事都能記住我的名字和長相。

雖然身為公司唯五的亞裔、唯二的外國人，但我的記憶點還滿多的，為了確保和每一位同事親自見到面，說到話，搏到感情，我寧可冒著全身老骨頭可能會散架的風險，硬撐著留下來參加露營，畢竟能見到平常像網友般只能在螢幕上互動的同事們，和他們好好互動交流，真的只能靠這種大型活動，機會實在太難得，千萬不能輕易放過。

我們不愧是行銷公司，真的非常會辦活動，無論是從主題設計、橋段安排、餐飲安排和酒水配置，全都很完美，我願意給展會組同事打一百分！當然，最精彩的絕對是不在計畫之中的 after party，譬如有人利用這個機會向心儀的同事告白，還有人公開求偶，只能說英國人喝了酒之後，真的完全變了一個人，簡直忘了「矜持」

兩字怎麼寫。

一起喝過酒、喇過賽、看到對方出糗的樣子，讓大家在遠距工作時總是公事公辦，一句廢話都不多說的職場中，為彼此找到一些軟性的共同話題，在笑鬧中漸漸培養出同事情誼，如果有事拜託某位同事幫忙時，也不會覺得太尷尬，因為多了一次面對面的交流，同事的形象馬上鮮明起來，而不只是 Microsoft Teams 上的一個名字而已。

這些得來不易的職場八卦，遠距工作者請好好珍惜，而所有可以刷存在感的機會，也請用力把握！

或許你會問：我是身在臺灣的跨國遠距工作者，就算國外的公司舉辦線下活動，如果雇主沒有提供機票，我也不太可能參加，那麼還有其他哪些方式可以刷存在感嗎？

建議如果有和你一樣在臺灣跨國遠距工作的同事們，請盡量和他們多做實體的交流，譬如我訪問過完全遠距公司 Slasify，雖然在臺北和新加坡都有辦公室，但他們的員工分散在世界各地，不是每個人都能參加在新加坡或臺灣的活動，因此住在其他國家的員工，如果彼此不是距離太遙遠，都會自行組織線下見面的活動，如此一來，至少讓與你在同一區域或國家的同事記得你，並和他們打好關係。如果你是那個孤軍奮戰、全臺灣只有你一位員工的 employee number one（指公司在臺灣的第一位員工），那請好好練習前面提到的最高指導原則——開視訊會議時一定要打開網路鏡頭，同時請盡量多多發言，尤其人愈多的會議愈要勇於發言，以增加同事對你的印象，這樣存在感自然會大大提升。

#拔掉插頭，立地成佛

成為遠距工作者一段時間後，每天從肩頸一路痛到頭部，那種疼痛的程度難以言喻，我一度懷疑自己感染了 COVID 19，但陸續篩檢過幾次都是陰性，加上除了肩頸痛和頭痛之外，完全沒有任何感冒症狀，去看物理治療師後，接受了一段時間的物理治療，甚至看了兩次整骨師，他們都告知是因久坐辦公桌前導致肌肉緊繃又僵硬，除了吃止痛藥和按摩幫助鬆弛肌肉外，還必須以做運動的方式慢慢復建。物理治療師特別交代，如果想要好得快，一定要提醒自己每坐一小時就要起身動一動，無論是去上個廁所或去泡杯茶都可以，總之不要一直維持一樣的姿勢，否則這個問題會一直糾纏著我。

工作十幾年來，還是第一次出現這麼嚴重的肩頸痛，原來和我轉換成遠距工作後，獨自在家工作太心無旁騖，每天長時間坐在辦公桌前工作，忘記需要休息有關。

以前在公司辦公時，無論再怎麼專心工作，一天之中還是有許多被打斷的片刻，有時是同事A問我某份文件要去哪裡找，有時是同事B向我借文具，或是tea round輪到泡茶的同事C問我想不想來一杯熱茶，這些以前被視為工作效率殺手的中斷，正是促使我從電腦螢幕中抬起頭，更換坐姿或起身活動筋骨的時刻，讓我不至於整天維持同一個姿勢，一直盯著電腦螢幕，導致肩頸僵硬到頭痛欲裂。成為遠距工作者後，才明白原來同事間偶爾的互相打擾，正是最自然的休息提醒。

事實上，在家工作除了常常忘記休息之外，更大的問題是不知何時該「拔掉插頭（unplugged）」，而且竟然還是絕大多數遠距工作者感到最困擾的事，有二十二％的遠距工作者表示，時常到了下班時間還繼續工作，拔掉插頭（關機）似乎比以前在辦公室時還困難。德勤（Deloitte）會計師事務所的調查也證實了這個現象的確存在，調查結果顯示，疫情下的遠距工作模式造成許多員工上下班的界限變模糊，導致每天平均多工作三小時。

休閒與工作之間界線模糊的問題，榮登遠距工作者煩惱指數最高的第一名。許多以遠距工作為主題的論壇裡，時常有資深的遠距工作者不斷呼籲大家要多花一點時間「愛自己」，這裡說的「愛自己」不是買個柏金包或吃頓米其林大餐的那種物質享受，而是應該拔掉插頭或離線時就別猶豫，霸氣大膽地放下手邊的工作，讓心思和頭腦都關機，千萬不要一直掛念著工作，或是告訴自己再多做一點就好，事情永遠做不完，過度工作而忽略休息是最快讓自己燃燒殆盡的方式。

如果你是居家工作卻不知何時該關機的人，不妨提醒自己 WFH 是設計來讓人們擁有更好的工作／生活均衡（work/life balance），而不是用來綁架你的人生。

這裡說的「關機」有兩個層面的意義，第一是指把工作拋到腦後，進入像機器停止運轉的休閒模式；而第二是真正的拔掉插頭，謝絕電子產品和網路的干擾，盡量回到零網路的生活型態，做一些在真實世界中能做的事，譬如外出郊遊踏青、報名實體烹飪課或瑜伽課等。遠距工作者每天至少花八個小時在虛擬世界和線上的人互動，如果下了班還不能關機，無法多一點時間和現實生活中的真人互動，人生也未免太悲哀了。

歐美地區大多數的職場經歷疫情下至少兩年的遠距工作型態後，部分員工多多少少都曾出現和公司組織愈來愈疏離的感覺，而雇主早就意識到這個現象可能成為管理上難以克服的問題，因此紛紛組織各種線下實體活動，想盡辦法用美食或冷氣，讓員工關機一天，不論是進實體辦公室吃一頓主管精心招待的BBQ饗宴，還是特別租場地規劃一場酒精飲料喝到飽的盛夏派對，使出各種花招背後的目的，都是希望讓同事們透過面對面的真實互動，對公司產生向心力和歸屬感。

最經典的例子就是舊金山知名科技公司Salesforce在二〇二二年宣布，將依照CEO馬克・班尼歐夫（Marc Benioff）的規劃，在聖塔克魯茲郡（Santa Cruz County）和擁有七十五英畝的度假山莊1440 Multiversity合作，打造一個專屬於Salesforce員工的聚會空間，讓員工在沒有網路的森林度假山莊環境中好好放鬆，一方面重建人與人在真實世界的互動，一方面透過關機和離線的方式紓解工作壓力，讓身心靈得到真正的解放。企業內所有的迎新、培訓、建立團隊等活動，都將在這個空間舉辦，班尼歐夫早在二〇二一年就對外宣稱，後疫情時代，Salesforce 將透過「科技斷線（disconnect from technology）」的方式，讓員工重新拉近彼此的距離。

在這個占地寬廣的空間裡，員工可以從事的活動包括健行、靜坐冥想、上瑜伽課、園藝課、烹飪課和藝術創作等，讓平時生活中少不了高科技的員工們，可以在這裡找到拔掉插頭的機會，不但好好地和自己的身心靈對話，也能和同事們建立視訊會議無法取代的人際交流。更厲害的是，Salesforce 還允許員工帶著家人一起來「度假」，這個大手筆的福利讓其他矽谷科技公司提供的免費三餐，頓時變成很小兒科的福利，也更加顯示該公司將員工福祉（well-being）看得和事業成功一樣重要的決心。Salesforce 表示，後疫情時代的實體辦公室存在的目的已經和疫情前完成不同，它的主要功能聚焦在培養員工的集體認同，透過面對面的互動打造獨特的企業文化，而這一系列的大動作就是要鼓勵員工拔掉插頭，回到實體空間和同事建立人與人的連結。

有良心的雇主意識到需要創造機會讓員工關機與離線，但這種機會不是天天都有，身為遠距工作者，我特別做了功課，從我蒐集的資料中歸納出幾種能自行在家練習的「關機」技巧：

一、莫忘初衷

提醒自己轉換為遠距工作模式的原因，無論是想多點時間陪伴家人，或是想讓自己的生活與工作達到更好的平衡，請記得這些初衷，並評估是否真的有往這個目標邁進，如果不但沒有，還和目標背道而馳，就應該重新檢視自己的工作量，並檢討你的工作習慣是否適合遠距工作模式。

二、適時、適量的休息時間

有些人認為工作時最好不要太頻繁地休息，因為會打斷專注力；但他們其實可能忽略了一個事實，就是適度的休息可以增加生產力、創造力與學習力，它能有效預防過度疲勞，或是避免出現肌肉僵硬等健康問題。如果你是天生的工作狂（workaholic），覺得單純休息會有罪惡感，不妨利用休息時間做點家事，不論是洗碗或晒衣服、吸地板，只要是能讓你從辦公桌前站起來的任何活動都可以，重點是讓自己活動一下筋骨。如此一來，不但能從工作中得到休息，也能順便完成家務，最適合一停下來可能會恐慌症發作的工作狂。

三、飲食均衡，多運動

工作忙碌的人因沒時間做飯，時常三餐都以 Uber Eat 等外送餐點解決，反而忘了在家工作的最大好處之一，就是可以為自己準備健康的食物，而不是仰賴外食。同樣的道理也適用於運動上，WFH 意謂著可以自己安排工作時間表，何不每天給自己半小時的健走（power walk）時間，到附近的公園走走？換句話說，遠距工作者應該善用 WFH 的好處，花時間在對自己的健康有益的事情上，比如下廚用新鮮食材準備健康的三餐，或是幫自己規劃適量的運動時間。

四、設定下班時間，並嚴格遵守

只要是受雇於某家公司或機構，工作合約裡大多會明訂工作時間，但在家工作的陷阱之一是你的辦公室幾乎和便利商店一樣全年無休，甚至沒有打烊時間，因此責任心強或有工作狂傾向的遠距工作者，時常落得超時工作的下場，晚上八、九點還在回覆客戶或同事的 email。

如果你是一進入工作模式就很難停下來的人，無論你的職位多高，工作量有多繁重，有多少業績目標要達成，一定得為自己設定下班時間，並嚴格遵守。這句話說起來容易，做起來卻困難，如果真的很難做到準時下班，不妨換個方式提醒自己：花這麼多時間在工作，工作也不會愛你；但花時間陪家人、朋友，他們一定感受得到你的愛。

五、獎勵自己

如果你還是很難遵守自己設定的下班時間，準時關機，不妨用獎勵的方式提高關機的動力。這些獎勵不用多浮誇，任何對自己有吸引力的事物都可以。比如是一頓很愛的美食，或是一段專心追劇的時間，請記得讓這個獎勵變成常態，提醒自己工作完成一個階段就該關機，讓準時下班內化成工作習慣的一部分。

學習「關機」聽起來很容易，卻是遠距工作者最大的挑戰，根據社群媒體管理軟體公司 Buffer 的調查，它甚至比「處理寂寞感」和「改善溝通障礙」更讓遠距工作者感到棘手。如果你也有這種煩惱，以上建議提供參考；如果你還未經歷這個問題，除了恭喜你之外，也要好好維持這個準時「關機」的習慣，不要讓工作和高科技偷走你的人生。

#高效能遠距工作法

前面討論了遠距工作的心態養成法，但你或許會說：就算這些心態都建設好了，還是擔心在家工作會東摸西摸或拖延症發作，無法達到提高工作效能的目標。為了給遠距工作的新手或小白提供更實質的幫助，本篇來談談比較技術面的高效能遠距工作法，這些 tips 應該能幫助你快速找到提高工作效率的捷徑。

一、打造上班的常規

在家工作的難題之一是啟動工作模式的儀式感消失了，原本可能是開車到公司、上班途中買一杯咖啡，或是開電腦前和同事寒暄一番……對許多上班族來說，這些小小的儀式正是幫助他們開啟工作模式的按鈕，缺少了這些開機儀式，可能很難進入工作狀態，因此替自己打造一個上班的「常規（routine）」變得格外重要，這些常規就是遠距工作者在家工作的儀式，能幫助他們順利進入狀況。

最普遍的常規就是找個固定的辦公空間，正式成為遠距工作者之前，我先騰出家裡的一個房間做為辦公室，做為給自己專門用來工作的空間，只要進到辦公室，就自然進入上班模式；只要離開辦公室，就是休息或下班狀態。兩者間毫無灰色地帶，用空間來切換上下班模式就是 WFH 最基本的常規。

專屬的上班空間不一定得是獨立的居家辦公室，如果家裡空間不夠，一個固定的辦公角落也可以，總之是讓你在心理上可以切換成上班模式的空間即可。當然，理想狀態下，這個空間最好是別人不會進來打擾的地方，以確保上班時能夠專心，不至於被室友或家人的一舉一動影響。

有些人可能因家庭環境不允許，暫時或長期無法在家工作，必須去附近的咖啡廳或圖書館工作，或是花錢租用一個共同工作空間（coworking space），無論如何，只要找到能讓自己啟動上班模式的地方，都可以算是建立常規的一部分。

除了利用空間打造上下班的界限，有明確的上下班時間點也是建立常規最普遍的方式之一。在家工作容易拖拖拉拉，認為等會兒再做也沒關係，而工作效率往往就在這些拖延的時間中大打折扣，因此給自己設定明確的下班時間，絕對有助於提高工作效能。

二、移除容易讓你分心的事物

二十一世紀最容易讓人分心的產物，「手機」一定榮登冠軍寶座。如果你在辦公室上班時，已經很難克制看手機的頻率，遠距工作之後，在不用擔心被其他同事看到的情況下，大概更肆無忌憚地狂滑手機吧！

許多軟體業者看準了這點商機，研發出諸如「StayFocusd」*等幫助用戶專注力聚焦的**APP**，使用者只要下載這些**APP**，在設定的時間段就無法連到社交平臺或是一些特定的網站，也有某些 APP 會限制你使用手機的時間，像 ZenScreen 會迫使你在使用手機十分鐘後，至少要停用二十分鐘才能再使用。

想避免在家工作時分心看手機，最有效的方法就是「眼不見為淨」，我的做法是把手機移到視線外，譬如我的居家辦公室在二樓，就把私人手機放在一樓，並規定只有休息時間才能下樓拿手機。

此外，辦公桌上不要放置雜物也是避免分心的好方法，放了一堆書或雜誌在一旁，豈不是故意邀請自己分心？我堅持工作的地方只放工作需要的東西，所以我的辦公桌上只放了電腦螢幕和鍵盤滑鼠，以及一本專門記錄工作事項的筆記本，絕對不會出現多餘的、無關的玩意兒。

三、不要一心多用

英國有句看似褒獎女性的俗語：「Man can't multitask.（男人無法一心多用）」，乍看之下彷彿誇獎女人比男人擅長一心多用，可以同時處理兩三件事。事實上，許

* Stayfocusd 是一款行之有年的專注力練習工具，其設計了一套簡單有效的「網站使用時間限制設定」。

多公司招聘員工時，的確會將能「一心多用」放在職務要求裡，尤其是節奏快的媒體或行銷業，手邊能同時處理好幾個案子絕對是必要能力。

但遠距工作模式時，為了達到提高產能的目的，最好不要同時做很多件事，因為會讓你的腦子不斷切換於不同的思緒中，強迫腦袋記住每件事的種種細節，而且這些事可能彼此風馬牛不相及，對腦袋來說是破壞專注力的做法，而專注力對遠距工作者來說是相當重要的能力，因此盡量一次只做一件事。

從科學的角度來看，一心多用對創意工作來說，更不是個好習慣。麻省理工學院神經科學家厄爾・米勒（Earl K. Miller）曾指出，一心多用不但出錯機率高，也是提高生產力的殺手，而對從事創意工作的人來說，一心多用更會阻礙靈感的發展，任何創新發明都是出自持續一段時間的專注，零碎的專注力或低品質的聚焦往往幫不上忙。

四、創造好的任務管理系統

無論在傳統工作模式或遠距工作模式下，安排好工作排序都是提高效能的關鍵，歐美的職場專家流行將這個過程稱為「創造任務管理系統（create task management system）」。以下提供幾個常用的方法來優化你的任務管理系統：

（一）ＡＢＣ排序法

顧名思義，ＡＢＣ排序法就是按照英文字母的順序寫下工作清單的待辦事項。Ａ是超級重要且最緊急的事，如果不先完成，往往會有不堪設想的後果，絕對要排在工作清單的最前面。Ｂ則是雖然也非常重要，但可以等Ａ完成後再做的事，通常這類型任務就算沒有如期完成，主管或客戶也不見得會抓狂，就是比較有緩衝時間的重要任務。Ｃ就更不用說了，就算沒有在當天完成，也沒有人會注意到，或是很少人會期待你在當天交件，換句話說，這類型任務可以延後一些時間再做，不急於當天解決。

如果Ａ任務中包括許多項子任務，請用數字將它們編號，譬如A-1、A-2、A-3，以此類推，然後嚴格遵守順序執行任務，一定要在完成所有Ａ任務的項目後，再開始Ｂ任務，千萬不能跳著做。

（二）吃青蛙法則（Eat the Frog Method）

這個方法不是真的要去吃青蛙，而是先找出你認為最困難又非做不可的事（就是青蛙），然後先完成它（把青蛙吃了）。如果你發現當天有兩件青蛙任務，請先吃較大的那隻青蛙，也就是先做規模更大或難度更高的任務。

這個法則的邏輯是來自一個基本道理：一般人在早上開始工作時，大多處於頭腦最清醒的狀態，此時是進攻困難任務的黃金時段，因此在這個時間優先處理最複雜難解的事情，把最困難的「大青蛙」給吃了，接下來就像倒吃甘蔗一樣輕鬆，將下午留給較小而簡單的任務，即便因為午餐吃得太飽而呈現「食物昏迷（food coma）」的狀態，還是能輕鬆應付。

（三）四個正方形法則（The Four-Square Method）

這個方法來自美國管理學大師史蒂芬•柯維（Stephen R. Covey）的暢銷著作《與成功有約：高效能人士的七個習慣》（*The seven habits of highly effective people*），書中提到將待辦事項分成四個象限，包括：

- 第一象限：最重要也最緊急的任務
- 第二象限：重要但不緊急的任務
- 第三現象：緊急但不重要的任務
- 第四象限：既不重要也不緊急的任務

將任務分配到這四個象限後，再運用「四個D的原則」：在第一個象限寫下一個大大的「DO」，表示馬上要去做這些任務；在第二個象限寫下「DECIDE」，表示將決定何時去執行這些任務；在第三個象限寫下「DELEGATE」，表示這些不重要但緊急的任務，可以委派給其他比較有空的同事，或花一點錢請 freelancer 幫忙完成；而最後一個象限的任務既不重要又不緊急，或許應該思考將這些任務移除的可能性，因此請寫上「DELETE」。

遠距工作者因 WFH 生產力提升而幫公司多賺取的利潤，平均每人每年高達五千七百五十美元（約新臺幣十七萬八千元），但這麼理想的結果是建立在員工真的因居家工作而提高生產力的前提下。如果你常覺得自己工作效能不高，在家工作更容易拖延進度，不妨試試以上四個遠距工作模式的高效工作法。

祝大家成為遠距工作者後，都能成為幫公司創造更多產值的超級員工。

#如果你是遠距團隊主管

前面提到遠距工作心態養成術大部分是針對一般員工，但你知道嗎？根據人才招聘軟體公司 TestGorilla 所做的研究數據顯示，每十個實施遠距工作模式的公司雇主或主管中，就有七位在調整管理模式上遇到困難，因此最後一篇文章特別談談身為雇主或主管在遠距工作模式下，該如何調整管理心態及做法，以便讓遠距工作管理的痛點盡量最小化。

我們先來看看遠距工作模式管理者最常出現的挑戰有哪些：

一、溝通障礙

有些遠距工作者接視訊電話或開會時不喜歡打開鏡頭，讓其他同事面對漆黑一片的螢幕，有種獨自說單口相聲的感覺。這種情況下，主管除了很難確認部屬是否有專心聽你說話之外，更無法像傳統工作模式的面對面溝通，能從對方身上發出的「非語言訊息（nonverbal message）」中，旁敲側擊出他心中真正的想法。非語言傳播和透過語言傳遞的溝通方式一樣重要，而且往往被溝通專家視為最誠實的溝通方式，人們可以透過意志力講出違心之論，但控制面部表情卻不是那麼容易，而且肢體語言更是騙不了人，但這些反映員工真實想法的蛛絲馬跡，遇到不打開鏡頭、看不到人的情況時，全都無法派上用場，猶如看面相的算命大師遇到用頭紗把臉部遮到只露出眼睛的中東穆斯林婦女，也只能落得英雄無用武之地。

二、互動不足

遠距工作模式下，同事之間如果沒有刻意安排互動機會，彼此就是維持一種君子之交淡如水的關係，即使有互動，大部分也聚焦在工作討論上，不像傳統辦公模式下，同事間天天朝夕相處長達八個小時，出現和工作無關的個人化接觸（personal contact）機率很高。少了這層接觸，遠距工作模式下的主管想打造團隊認同感，雖然不是不可能的任務，但難度絕對非常高。

三、科技問題

遠距工作百分之百仰賴高科技，無論是網路、VPN 或各種傳送檔案的軟體，都必須維持全年無休的穩定狀態，只要其中一個環節出了問題，整個公司很可能就會被迫停擺。想避免這些技術性障礙，在機房或主機多擺上幾包綠色乖乖是沒啥用的，一般實行遠距工作模式的公司都會砸大錢在ＩＴ系統上，確保這些科技設備及技術時時刻刻保持穩定。即使如此，天有不測風雲，高科技也有凸槌的時候，譬如我進新公司約半年後的某天，公司 VPN 意外掛掉，導致所有員工都無法連線到公司主機，存取檔案成了大問題，嚴重影響到每個同仁的工作進度，只見 Microsoft Teams 上哀鴻遍野，眾人紛紛抱怨不知該如何向客戶解釋進度延誤。

這些遠距工作的挑戰無形中增加了管理者的壓力。我特別從歐美地區各大討論遠距工作的論壇中蒐集相關資料，歸納整理出管理遠距工作團隊時可以遵循的十個原則：

一、調整心態，加強溝通，讓組織更透明

在見不到面的情況下，資訊更需要透明公開，而為了達到資訊透明，主管應事先幫團隊設定明確的工作目標，以及一套標準化工作程序，包括：

- 何時需要定期彙報（每日或每週）。
- 如何評估團隊的表現。
- 彼此的上班時間（以確保在該時段內可以聯絡到彼此）。
- 緊急突發事件的 SOP。

可以從前面提過的「過度溝通」開始，以確保員工或部屬真正了解你的意思，並透過公告的方式即時更新資訊，同時提供員工反饋的機會與管道（包括匿名或具名的方式）。

二、善用書寫與不同步溝通

遠距工作可能意味著你會和在不同時區的同事一起工作，因此將大部分溝通調整成「非同步溝通」變成絕對必要，即使團隊成員都在同一個時區，主管也要體認

到每個員工的工作方式都不一樣，應該尊重他們自己安排的工作時間表，盡量不要用零碎的會議將他們的時間切割成許多短暫的片段，這樣不但會分散他們的注意力，也會減低工作效率，身為主管應該協助部屬，而不是反其道而行。

更重要的是，主管應該認清「**不是每個人都需要參加每一場視訊會議**」的事實。有些主管進入遠距工作模式後，還保留著傳統的管理思維，仍希望以全體線上會議為名，行點名查勤之實。為了確保不耽誤彼此的工作時間，請鼓勵你的員工無論是討論、做決定，還是給予意見反饋，都盡量用書寫的方式交流，不久之後，你會驚喜地發現，利用這種溝通方式往往能達到事半功倍之效。

三、簡化行政庶務的流程

如何讓在不同空間工作的團隊維持合作通暢，無疑是遠距工作管理者的最大挑戰，如果公司的行政流程不能跟著簡化，還是遵循傳統工作模式進行，極有可能造成時間和空間的雙重挑戰。

譬如傳統工作模式的經費報銷需要實體收據，有些審核更嚴格的公司還需要主管批准，但遠距工作模式下，這不但表示員工為了報銷費用必須跑一趟郵局寄收據，主管也必須花時間批准每一筆開銷，實在有勞民傷財之嫌。因此執行遠距工作模式的公司大多適合以數位收據報銷，同時取消主管審核，只有金額超過公司規定的上限時，才需要請主管批准，目的就是節省時間，讓大家更有工作效率。

四、信任你的團隊，避免微觀管理

遠距工作的世界，微觀管理很難生存，必須信任你的團隊，放手讓他們用自己的方式工作，解決自己的問題；更重要的是，主管要學會用工作表現來衡量績效，而不是以是否看到員工在他們的座位上工作來打績效。不少像 Google 的科技公司使用 OKRs（Objectives and Key Results）來設定工作任務，並做每週彙報，如此一來，哪些任務未被完成自然一目瞭然，主管不用三不五時查勤。

像老師管理小學生的方式在遠距工作時代已經行不通了，主管要學習放下，只要明確讓團隊知道你對工作目標的期待是什麼，加上定期彙報進度的機制就已足夠，千萬不要一天到晚奪命連環 call，不但暴露了你的不信任，對員工來說也是效率的剋星，他們忙著應付你的電話，真正能好好工作的時間反而被壓縮了。

五、經常關心團隊，提高員工的凝聚力

俗話說「過猶不及」，應用在遠距工作管理上也是一樣，主管避免微觀管理的同時，也不要忘了常對員工表達關心，讓他們知道你不會三不五時去煩擾，但任何人需要幫助時，你永遠會伸出援手。為了達到這個目的，主管應該每週安排固定時間和個別員工進行一對一會談，主要目的是聆聽部屬的心聲。

會談時間不用太長，十到十五分鐘就綽綽有餘，而且如非必要絕對不要任意取消，這是身為主管的你可以發現團隊成員是否在工作上出現問題，或是否需要協助的機會。這些例行會談除了能幫助主管發掘問題之外，對促進員工情誼也有幫助，畢竟應該沒有人會抱怨主管肯花時間聆聽他們的心聲。

六、和團隊一起定義成功，並聚焦在成果

管理遠距工作團隊很重要的心態是聚焦在結果，而非過程，就算你想把焦點放在過程上，很快就會發現那是不切實際的，大家不在同一個空間工作，管理者根本

不可能隨時掌握每個人每天的進度，何況這是毫無必要的，過分糾結在過程只會給團隊增加無謂的工作量。

既然要聚焦在結果，管理遠距工作團隊時應該「以終為始」，一開始就和團隊一起定義成功，在大家都有共識的基礎上，讓成功的樣貌更具體、更容易量化，如此一來，團隊不但有努力的方向，還有步驟可循，不會像無頭蒼蠅一樣沒有目標地瞎忙。

至於如何和團隊一起定義成功，以下提供幾個方向供管理者參考：

- 每個專案或任務都該有不同的成功定義，請不要用同一個標準衡量每個案子。
- 設定明確的期待，讓結果可量化或檢視。
- 每個專案都要有具體的時間表（timeline），除了方便追蹤進度，也能在發現進度不如預期時即時調整。

七、確保團隊有充足的資源

為了確保每位團隊成員在家工作時都能順順利利，身為主管的要務之一就是提供每位成員適合遠距工作的硬體設備，包括一部可靠的筆電、智慧型手機、抗噪耳機等，以及取得資源的各種軟體，包括穩定的 VPN 和各種傳送、儲存檔案的平臺與界面。

此外，主管也必須提供讓團隊成員間能維持合作通暢的渠道，以及能同步分享資訊或檔案的平臺。歐美職場常用的遠距工作 APP 有：Slack、Google Drive、Microsoft Teams、Trello、Jira、Confluence、Asana、Airtable、Notion.so、Miro、Basecamp、Monday.com、Clickup 等。有意願爭取跨國公司遠距工作機會的讀者朋友，請盡量先熟悉這些 APP 的操作與應用。

值得注意的是，雖然市面上有很多協助遠距工作團隊溝通的 APP，而且按照趨勢發展，應該會有愈來愈多 APP 研發出來，但雇主最好不要一次使用兩種以上的軟體，或是動不動就更換溝通界面，畢竟學習使用這些 APP 也需要時間成本，若無迫切的原因，最好不要任意更換大家已使用熟悉的系統，以免增加員工的負擔。

八、設定健康的界限（healthy boundary）

遠距工作往往能配合彈性工時，有時可能會造成工作時間過長，或是工作時間和休閒時間的界限變得模糊，尤其主管要負擔管理職務，工作量原本就比一般員工大，這種情況更容易發生，進而造成心理壓力，甚至對生理健康產生負面影響。

譬如某些員工的工作時間可能和主管略有不同，主管明明已經下班，卻還是收到部屬的訊息或 email，這時主管心裡應該有個身心健康的界限，知道何時要回覆，哪些事項可留到隔天再處理，同時務必讓團隊成員知道你的時間表，確保他們盡量在你的辦公時間內聯絡。

九、使用多元的溝通管道

在〈遠距工作的潛規則〉一文中，我分析了使用 email 與即時通訊軟體的利弊與時機。如果你身為主管，不妨多採用不同的媒介和部屬溝通，一方面因每個人習慣的溝通方式不同，有人喜歡用兩分鐘可以講完的視訊電話；有人則是走「極簡風」——沒重要的事最好都不要打電話給他，有事用 email 交代就好；也有人不管什麼雞毛蒜皮的事都要在 Microsoft Teams 上留言，每一條留言還會加上好幾個表情符號。

主管只要行有餘力，應該盡量包容每位成員習慣的溝通方式，讓他們覺得和你交流真的沒有障礙。另一方面，多元的溝通方式能確保團隊確實收到你的訊息，也算是實踐「過度溝通」的原則。

十、幫助團隊成員打造理想的工作條件

第七點提到主管應盡量確保團隊成員有充足的資源，提供適合在家工作的軟硬體設施，但那只是最基本的條件，如果想讓員工在家工作做得更開心，必須更積極幫助他們打造最佳的辦公環境。譬如我們公司在員工入職時，會請他們做個自我測驗，確保家裡的辦公桌和辦公椅，以及電腦螢幕的位置是否符合人體工學，如果不符合，公司會協助員工購買器材，確保員工在家上班不會產生職業傷害，或因坐姿不良而造成脊椎損傷的問題。

此外，在能兼顧工作的前提下，管理者應該盡量允許員工用彈性工時（flexible working hours）來滿足他們的家庭需求。譬如我們公司允許有小孩的員工可以在學

校上下學的時間去接送孩子，英國是學區制，學校一般都在住家附近，接送時間最長不會超過半小時，給員工一點方便，讓他們的生活多些便利，有助於打造理想的工作條件，這招絕對比逢年過節送禮來得更實際，也更能留住員工的心。

拜疫情所賜，遠距工作模式早已不是新鮮事，在歐美國家更是有超過十年以上的歷史，但和遠距工作相比，關於遠距工作管理的討論似乎比較少，這篇文章獻給目前正在做遠距工作管理，或將來有可能成為遠距工作管理者的讀者朋友，希望大家能從中找到幫助團隊優化產能的方法。

WIN系列032

#WFH也能發展國際職涯：遠距工作者的職場攻略

作　者—讀者太太 Mrs Reader
主　編—邱憶伶
責任企畫—林欣梅
封面設計—FE設計葉馥儀
內頁設計—林樂娟

編輯總監—蘇清霖
董 事 長—趙政岷
出 版 者—時報文化出版企業股份有限公司
一〇八〇一九臺北市和平西路三段二四〇號三樓
發行專線—（〇二）二三〇六六八四二
讀者服務專線—〇八〇〇二三一七〇五・（〇二）二三〇四七一〇三
讀者服務傳真—（〇二）二三〇四六八五八
郵撥—一九三四四七二四時報文化出版公司
信箱—一〇八九九臺北華江橋郵局第九九信箱

時報悅讀網—http://www.readingtimes.com.tw
電子郵件信箱—newstudy@readingtimes.com.tw
時報出版愛讀者粉絲團—http://www.facebook.com/readingtimes.2
法律顧問—理律法律事務所 陳長文律師、李念祖律師
印　刷—紘億印刷有限公司
初版一刷—二〇二二年十一月二十五日
定　價—新臺幣三八〇元
（若有缺頁或破損，請寄回更換）

時報文化出版公司成立於一九七五年，並於一九九九年股票上櫃公開發行，
於二〇〇八年脫離中時集團非屬旺中，以「尊重智慧與創意的文化事業」為信念。

WFH也能發展國際職涯：遠距工作者的職場攻略／讀者太太著.
--初版. --臺北市：時報文化出版企業股份有限公司，2022.11
面； 公分. --（Win系列；32）
ISBN 978-626-353-117-8（平裝）
1.CST：電子辦公室 2.CST：職場成功法
494.35　　111017413

ISBN 978-626-353-117-8
Printed in Taiwan